KB017823

들어가는 말

페라리는 세월이 지나도 자동차에 대한 로망을 간직한 이에게는 변하지 않는 청춘의 상징이다. 클래식의 반열에 든 페라리는 시간이 지날수록 오히려 가치가 상승한다. 생산 대수가 작아 손에 넣기 힘든 희귀성, 과거 WSCC나 르망 등 레이스에서 거둔 눈부신 업적? 물론 그것만이 전부는 아니다. 내가 볼 때 그것은 아름다움, 즉 미학(美學)이다. 페라리는 명성을 드높인 압도적 성능 이전에 매혹적인 디자인, 그리고 심장을 두근거리게 하는 특별함이 있다.

이 책은 페라리 중에서도 아주 특별하고 아름다운 페라리로 가득하다. 무엇보다 직접 시동을 걸고 도로를 달리며 살아있는 느낌을 전달한다는 점에서 백과사전식의 다른 책들과 완전히 구분된다. 그건 세계 최고의 클래식카 매거진 <클래식 앤 스포츠카, C&S>가 있었기에 가능했다. <C&S>가 <AUTOCAR>의 자매지인 덕분에 월간 <오토카코리아>에 그 기사를 연재하고 이 책을 묶을 수 있게 되었다.

이 책에는 진정한 르네상스의 차 1964년형 250 GTO를 비롯해 광적인 팬들의 사랑을 독차지하며 침실벽을 장식한 F40, 화려하고 위엄 있는 머신 288 GTO, 전혀 다른 시대의 산물 F50, 카리스마 넘치는 엔초, 궁극의 머신으로 손꼽히는 F40, 할리우드 아이콘 스티브 맥퀸이 몰았던 275GTB/4, 작지만 100억 원이 넘는 레이스 머신 디노 196S, 비냘레의 걸작 212 인터 쿠페, 위풍당당한 테스타로사, 2+2 330 GT 등 어디서도 볼 수 없는 흥미진진한 13대 클래식 페라리의 로드 스토리가 펼쳐진다.

꿈은 멀어지지만 사라지지 않는 것처럼, 손에 잡히는 페라리로서 가까이 두고 아무데나 펼쳐 읽어도 기분 좋은 책이 되기를 바란다.

2021년 5월

편집인 최주식

목차

페라리 250 GTO, 완벽한 경지에 도달한 걸작

페라리 250 GTO는 너무나 특별하다. 때문에 GTO의 마력은 대체로 과장이라거나 희귀성과 가치 때문이라는 회의론은 금방 사라진다. 물론 가격은 가히 광적이다. 게다가 희귀하기 이를 데 없어 겨우 36대(3대의 4L 330 GTO를 포함한다면 39대)에 불과하다.

1962년 세계스포츠카선수권(WSCC) 규정에 따라 설계했다. GTO(O는 이탈리아어 omologato의 머리글자로 '공인된'이라는 뜻)는 그해 2월 세상에 나왔다. 그에 앞서 개발용 섀시와 프로토타입이 선보였다. 생산에 들어간 뒤 첫 2년 동안 아이콘이 된 보디를 입고 겨우 32대가 나왔다. 게다가 루이지 키네티의 노스 아메리칸 레이싱 팀을 위해 한 대가 더 나와 틀을 깼다. 거기서 이야기는 끝날 뻔했다. 다만 250 LM이 경기

규정을 충족시키지 못해 1964년 재검토에 들어갔을 뿐. 그래서 시리즈 2 GTO가 손질한 보디를 입고 3대가 나왔다. 아울러 이전에 나온 4대도 손질을 받기 위해 공장에 돌아왔다. 충돌 손상 수리, 공력성능 개선, 또는 단순히 오너의 오판으로 새 보디로 갈았다. 여기 나오는 차는 새시 4675. 그렇게 손질한 4대 가운데 하나다.

1963년 4월 손질을 끝낸 '4675'. 드라이버 귀도 포사티가 몰고 처음으로 콜 바이야르에 출전했다. 당시 오너는 로마인 파스콸레 아눈치아타. 두 달이 채 되지 않아 그는 페라리 딜러 베카르에게 차를 팔았다. 그래도 포사티는 힐클라임을 중심으로 계속 출전했다. 그러다가 1963년 9월 아리베르토 프랑콜리니를 설득해 반반씩 돈을 내 차를 사들였다. 그런지 2주 만에 둘은 투르 드 프랑스에 출전했다가 충돌했다(사진에 따르면 경상).

다시 페라리로 돌아가 64년형 보디로 갈아입었다. 피닌파리나의 천재

와 스칼리에티의 솜씨가 어우러진 작품. 1964년 봄 새 오너 스쿠데리아 ASA가 등장했다. 이때 드라이버 장 귀셰가 몰고 스파 500km에서 2위(마이크 파크스가 몬 GTO에 이어) 시상대에 올랐다. 프랑스계 드라이버 귀셰에 이어 오도네 시갈라, 그리고 다시 지지 타라마초가 운전대를 잡았다.

그 뒤 이 GTO는 1966년 처음으로 미국에 팔렸다. 얼마동안 불안한 시절이 닥쳤다. 뉴저지의 오너 JR 자라차라는 이 보석을 거리에 세워두기도 했는데 이것을 플로리다의 월터 메들린이 사들여 90년대 중반까지 고이 간직했다. 그때 일본 도쿄의 수집가 마쓰다 요시오가 '4675'를 넘겨받아 정기적으로 랠리에 나갔다. 심지어 프랑스와 캘리포니아까지 원정을 다녔다. 그는 GTO 3대를 갖고 있다고 알려졌다.

우리가 이 차를 몰고 나간 곳은 에식스에 있는 국방부 기지. 우리 '4675'가 분위기를 확 바꿨다. 비록 1964년형이지만 눈길을 사로잡았다.

PIT

뭉툭한 테일은 초기 GTO보다 250 LM을 더 닮았다. 275 GTB형의 긴 노즈와 훨씬 넓고 네모난 주둥이는 훨씬 매끈하게 잘 다듬어졌다. 3개의 큰 콧구멍이 없다면 조금 낯설어 보이기도 한다. 그러나 앞뒤 바퀴 뒤에 열린 상어 아가미는 여전히 위협적이다.

전체적으로 64형은 그 선배보다 낮고 넓다. 거의 LM의 스트레치형과 비슷하다. 후자의 옆모습 사진을 보라. 아주 컴팩트하면서도 앞뒤 오버행이 똑같고, 콕핏은 두 액슬의 등거리에 자리 잡았다. 하지만 GTO는 그렇지 않다. 오버행은 비슷하지만, 콕핏이 뒤 액슬로 밀려나가 전체적인 이미지가 일그러졌다. 뒤로 흘러간 도어 가장자리는 거의 휠아치와 어우러졌다. 하지만 도어 앞머리는 두 바퀴의 중간쯤 자리 잡았다. 가파르게 일어선 윈드실드에 작은 옆창과 굵은 C필러마저 확대된 다른 부분에 압도된다. 여기서 클래식한 긴 보닛, 짧은 테일이 태어났다. 그럼에도 손가락 크기 도어 손잡이, 그 손잡이가 드라마틱한 곡면과 너무나 잘 어우러진다.

물론 이처럼 시각적으로 과장된 스타일은 꼭 필요하다. GTO 스타일은 세월과 더불어 변했지만, 기계부분은 사실상 변함이 없다. 빨간 알루미늄이 가늘게 빠진 날개 아래 왕관의 보석이 한복판에 달려있다. 차렷 자세를 취한 보병처럼 빳빳이 일어선 웨버 38DCN 6개 실린더가 아름답게 대칭을 이뤘다.

람프레디/콜롬보의 세센이셔널한 2953cc 드라이섬프 60° V12. 지오토 비차리니(뒤이어 마우로 포르기에리)의 전설적인 테스타 로사로부터 넘겨받았다. 2400mm로 줄인 250 GT SWB 섀시를 깐 강철 튜브 스페이스프레임에 담겼다. SOHC V12는 5단 박스와 짝짓고, 앞 서스펜션은 위시본 그리고 뒤쪽은 라이브 액슬에 리프 스프링이 달렸다. 브레이크는 디스크. 말을 잘 들었지만, 이 차의 유연한 완벽성에는 도달하지 못했다.

250 GTO의 무게는 약 1톤. 실내는 스파르타적이어서 단 하나의 컬럼

Ferrari

스토크, 다이얼과 스위치 몇 개가 있을 뿐이다. 푸른 직물로 싼 소박한 버킷시트가 있고, 옆창은 2장의 슬라이딩 페르스펙스. 노출된 배터리는 운전석 뒤 왼쪽에 자리 잡는다. 연료주입구는 마치 배관처럼 실내로 내려꽂힌다. 조수석 풋웰은 굵은 섀시 튜브가 둘로 갈라놓았다. 현란한 외모와

는 달리 GTO의 속은 벌거벗었다. 조잡하진 않지만 말 그대로 속은 알몸.

액셀을 가볍게 두 번 누르자 웨버에 마중물을 붓고, 키를 두 번 딸깍 딸깍. 액셀을 4분의 1쯤 밟았다. 그러자 12기통의 장쾌한 심포니가 4개 파이프로 터져 나갔다. 내뿜는 운동 에너지의 빠른 포효가 이 얄팍한 실

내에 불쾌하게 파고들까? 아니다, 그건 바로 음향의 섹스. 이 세상에서 그보다 난폭한 괴성이 없지만 마치 고혹적인 사이렌의 노래와 같았다. 사실 그것만으로도 충분하다. 그러나 방금 일어난 GTO의 폭음에 경찰이 몰려와 죄수수송차에 잡아넣기 전에 얼른 또 다른 모험을 시도했다.

액셀을 밟아 포효를 한껏 즐긴 뒤 나직한 드럼 사운드로 죽였다. 그리고 1500rpm에 회전대를 고정시켰다. 아주 가볍게 클러치를 내리고 1단에 들어갔다. 초민감형 액셀에 따라 GTO는 앞으로 미끄러졌다. 그 견인력은 실로 놀라웠다. 하지만 이 차의 정체와는 아직 거리가 멀었다. 액셀을 콱 밟고 기어를 계속 올렸다. 회전대는 언제나 4000rpm(정말 생기를 불어넣

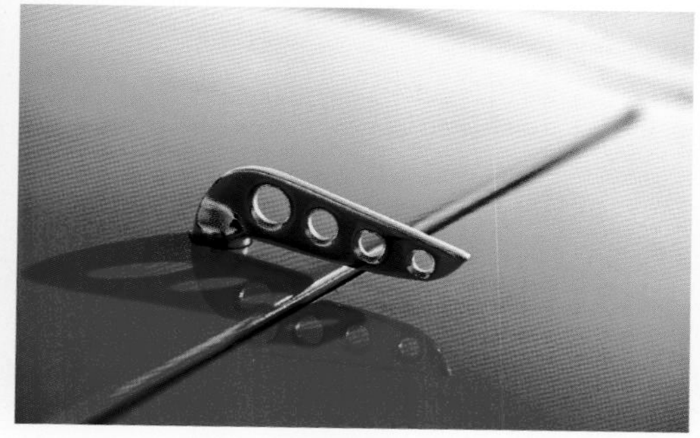

으려면 6000rpm)을 넘어서야 했다. 그러면 숨 막히는 마술 융단 비행이 시작됐다. 등 뒤에서 가볍게 떠밀 때마다 폭발하는 파워는 결코 시들지 않을 듯했다. 이따금 던롭 레이싱 타이어와 젖은 노면이 미묘한 차이를 보일 때마다 꿈틀, 미끄덩거렸다. 그밖에는 마치 로켓에 몸을 맡긴 기분이었다.

그렇다, 수많은 사람들에게 250 GTO는 가장 위대한 성취이며 아름다움의 구현이다. 시간과 기능을 구분할 줄 아는 사람들에게 GTO는 맥라렌 F1과 어깨를 나란히 한다. 자동차계의 레오나르도 다 빈치의 작품이고, 진정한 르네상스의 차다.

글 · 제임스 엘리엇(James Elliott)

궁극의 머신, 페라리 F40

F40처럼 화려하게 등장할 수 있는 차는 없었다. 낮고 넓고 무섭도록 공격적인 이 차는 트랜스포터에서 내려올 때부터 관중을 끌었다. 모든 휴대폰 카메라가 일제히 그 차를 겨냥했다. 어느 공단을 한 바퀴 돌아가는 모습을 잡기 위해서였다. V8의 자지러지는 울부짖음이 컴퓨터로 조율된 최신 프리마돈나의 멜로드라마와 날카로운 대조를 이루었다.

한 세대에 걸친 광적인 팬들이 사랑한 포스터에 실린 차, 그러니까 포스터카였다. 페라리의 벌거벗은 야망, 거대한 가치와 난폭한 성능을 그린 기사에 상상력의 불이 당겨진 그들은, F40의 포스터로 침실벽을 장식했다. 전

설에 따르면 F40은 피오라노 서킷 랩타임이 페라리의 (가공할) 1980 그랑프리 머신보다 빨랐다. 한편 F1 스타 게어하르트 베르거는 F40을 몰다가 휠스핀에 걸릴 뻔했다. 그것도 4단 시속 195km에.

288 GTO의 논리적인 후계차로 5대밖에 만들지 않은 에볼루치오네에 바탕을 두고 있다. F40은 창사 40주년을 기념해서 붙인 이름이었고, 창업자 엔초가 생전에 내놓은 마지막 페라리였다. 288의 트윈터보 90° V8을 개량해서 얹었다. 배기량은 2855에서 2936cc로 커졌다. 압축비도 늘어나 0.8에서 1.1바. 기통당 2개의 인젝터가 달렸고, 최고출력은 400에서 478마력으로 올라갔다.

수석 테스트드라이버 다리오 베누치는 1971년 페라리에서 본격적인 활동을 시작했다. 그 뒤 수많은 페라리를 개발하는 중책을 맡았다. 그리고 F40 프로젝트를 회고하며 감회에 젖었다. "마치 어제 같다!"

"가장 큰 난제는 엔진성능이었다." 베누치가 설명했다. "웨버-마렐리 전자분사 시스템을 IHI 터보와 아울렀는데 초기 버전은 몰고 다닐 수 없을 정도였다. 웨버 기술진이 마라넬로로 와서 우리와 함께 차를 시험했다. 그런 다음 볼로냐로 돌아가 EPROM(변형 메모리)을 재조정했다. 오랫동안 이 과정을 반복했다.

"우리는 그 엔진을 피오라노 트랙에서 시험했다. 아울러 마라넬로 남쪽의 산악지대 파나노로 가는 도로를 시승코스로 이용했다. 나아가 가속과 제동시험을 위해 리미니의 항공기지를 찾았다."

F40은 IHI 터보를 썼다. 사실 288GTO는 F1팀처럼 KKK를 선택했다. "우리는 두 제품을 모두 시험했다. 내가 보기에 IHI가 최고의 선택이었으나 F1과도 연관이 있어 신중을 기했다. 두 기술자 마테라시와 벨라이가 최고사령관 엔초 페라리에게 물어봐야 한다고 했다. 우리가 찾아간 자리에서 엔초는 이렇게 말했다. "차를 몰아야 할 사람은 여러분이다. 어느 쪽을 좋

F40 DMS

아하나?" 내가 IHI라고 말하자 엔초가 아들 피에로에게 KKK에 알려주라고 일렀다.

"우리는 각기 KKK와 IHI 터보를 장착한 프로토타입 2대를 마련했다. 그런 다음 KKK 기술진을 초청해 피오라노에서 둘 다 시승하게 했다. 그들도 IHI가 더 좋다고 평가했고, 돌아가 개선작업에 들어갔다. 우리는 IHI를 그대로 밀고 나갔다."

베누치가 부닥친 또 다른 문제는 타이어를 고르는 작업이었다. "F40 전용 피렐리 P 제로를 개발했다. 서로 다른 스펙을 수없이 시험한 뒤 올바른 콤파운드와 트레드 디자인을 찾아냈다. 메차노테는 피렐리 개발담당자였다. 그는 너무 많이 움직이는 뒷타이어를 줄로 쓸어내렸다.

“마지막 작업은 부상형 디스크 브레이크였다. 엄청난 진동이 있었고, 수많은 허브를 시험한 뒤에야 해법을 찾았다. 아울러 제동효율과 페달 능률을 잘 버무려야 했다. 파워지원은 없었다.”

나르도에서 고속시험을 했다. “오직 한 가지 문제는 공력밸런스에 후방 편향이 있다는 점이었다. 따라서 고속에서 약간 떠올랐다. 사실 초기 버전에는 상당히 두드러진 뒤쪽 립이 달렸다. 그래서 우리는 차례로 서서 거기에도 줄질을 했다. 나르도 서킷에서 LM 버전이 시속 391km를 돌파했다.”

베누치에 따르면 F40은 언제나 레이스카가 되려는 집념을 버린 적이 없었다. 따라서 이 차를 감싸고 도는 모든 사람에게 안락성은 제일 뒤로 밀렸다. 차 안에 들어가면 당장 그런 기미를 느낄 수 있었다. 에어컨은 엔진의 이글거리는 열기와 싸우는 장치일 뿐이었다. 그밖에 카펫, 도어트림, 도어핸들, 라디오는 무게를 줄이기 위해 제거됐다.

1987년 7월 신차발표를 하면서 엔초가 직접 말했다. "우리는 르망과 GTO를 다시 일깨울 차를 만들기를 바랐다."

피닌파리나의 레오나르도 피오라반티가 스타일을 담당했다. “1960년대에는 개인이 레이스카와 흡사한 차를 살 수 있었다.” 바로 그 신차발표회에서 한 말이었다. “F40은 현대생활의 제약을 거의 돌아보지 않은 차다. 우리에게 이 차는 큰 의미가 있다. 세상에는 컴퓨터와 기술이 너무 많다. 옛날에 그랬던 것처럼 우리는 이 차에 정서가 깃든 디자인을 살렸다. 단순히 향수를 불러일으키려는 것이 아니다. 심지어 오늘날에도 인간적인 접근이 가능한 차를 만들 수 있다는 걸 증명하고 싶었다.”

심지어 당시에도 F40처럼 스파르타식 차는 시대착오적이라 생각하는 사람들이 있었다. 포르쉐의 기술적 걸작 959가 등장한 것이 큰 영향을 주었다. 확실히 페라리의 제작정신은 라이벌 포르쉐의 그것과는 근본적으로 달랐다. 로버 벨이 어느 자동차잡지에 두 메이커의 공통점과 차이점을 이렇게 적었다. “그들은 모두 차를 만든다는 공통점이 있을 뿐이다. 하지만 제작방식은 전혀 다르다. 포르쉐는 훨씬 안전하고 허용반경이 큰 머신이다. 그에 비해 페라리는 결정적으로 한층 벅차고 짜릿하다.”

존경받는 도로시승의 달인 멜 니콜스는 당시 〈오토카〉에서 활약하고 있었다. “포르쉐는 성능의 폭이 훨씬 넓었다.” 그가 되돌아보며 말했다. “나는 포르쉐 959는 자동차의 전반적인 발전사에서 한층 의미심장하다고 생각했다. 페라리는 그보다 한층 전문화됐고, 주말의 장난감으로 더 어울렸다. 나는 959와 F40을 분리된 랜드마크가 아니라 하나로 본다. 그들은 불가분의 관계를 갖고 있다. 959는 우리를 새로운 성능차원으로 이끌었다. 그리고 F40은 그와 같은 경지의 또 다른 차였다.”

니콜스는 자신이 F40에 오르는 첫 기자가 되리라 믿었다. “1987년 이몰라에서 대대적인 창사 기념행사가 열릴 예정이었다.” 그의 회고담이다. “우리는 F40이 나오리라는 정보를 얻었다. 나는 어느 금요일 사진기자와 함께 모데나로 날아가 마라넬로에서 하루 종일 기다렸다. F40이 테스트에 나오

고, 둘러보거나 차에 앉아볼 기회를 주리라는 말이 돌았다. 다만 운전을 허락하지는 않을 것이라고 했다.

"오후 6시 이후에도 그 차는 돌아오지 않았다. 그래서 토요일에 다시 찾아갔고, 오전 중반에 테스트드라이버 옆에 앉아 피오라노 서킷을 몇 바퀴 돌았다. 그 뒤 F40을 타고 이몰라 서킷으로 달려갔다."

"이듬해 5월 우리는 피오라노 서킷으로 돌아가 그 차를 몰아봤다. 1987년 말, 나는 독일에서 959와 이틀을 보냈다. 때문에 어떤 상황에서도 그 차가 얼마나 좋은지를 잘 알고 있었다. 페라리는 그보다 훨씬 야성적인 매력을 풍겼다. 우리는 이렇게 생각했다. '그렇다, 사상 최고속 트윈터보 V8이다. 가공할 잠재력을 지녔다. 하지만 그 차와 리듬을 맞출 수 있었다. 표독한 기질을 보여주지는 않았으나 트랙에서 그랬을 뿐이었다. 다양한 조건에서 먼 거리를 달렸다면 까다롭게 굴 수도 있었을 것이다. 그런데 나는 그

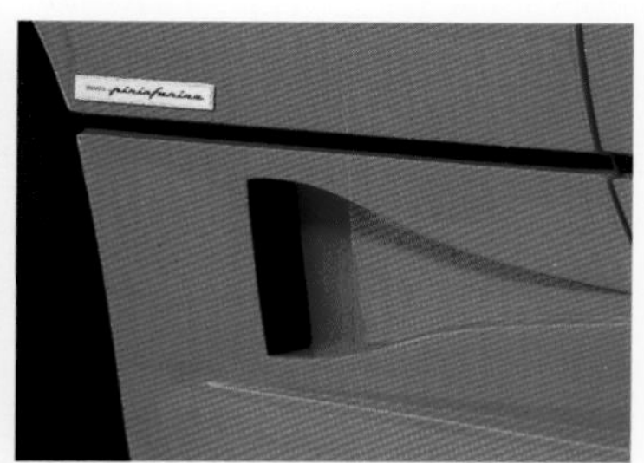

런 느낌이 들지 않았다."

"오늘날의 터보에 비해 F40의 경우 해제와 작동의 양면이 있었다. 3000rpm 이하에서는 별로 역할을 하지 않았다. 하지만 그 이상으로 올라가자 작동하기 시작했다. 저속에서는 약간 언더스티어를 일으켰다. 그런데 액셀페달을 밟아대자 돌변했다. 가벼운 언더스티어에서 본격적인 오버스티어로 돌아섰다. 그 변화를 완전히 체감할 수 있어 감동적이었다. 일단 자신을 갖게 되자 마음대로 균형을 잡을 수 있었다."

2004년 8월 불러드는 그 차를 샀다. 당시 그는 싱가포르에 살고 있었다. 솔직히 "F40을 갖게 되리라고는 상상도 할 수 없었다." 그냥 여러 페라리를 둘러보고 있는 중이었다. 어느 친구가 영국에서 딜러를 하고 있었다. 마침 그 가게에 512TR과 F40이 새 주인을 기다렸다. "나의 첫 번째 페라리였다. 그 이전에 F40을 본 적도, 몰아보려고 한 적도 없었다."

불러드는 싱가포르에서 영국으로 돌아가자 그동안 잃어버린 시간을 되찾을 궁리를 했다. "집에 있는데 페라리 오너스 클럽에서 메일이 왔다. 실버스톤 트랙데이에 빈자리가 있다는 내용이었다. 나는 실버스톤을 잘 알지도 못했고, 대단한 드라이버도 아니었다. 하지만 나와 그 차의 행동반경을 넓히는 게 나쁠 리 없었다. 그러나 F40을 몰고 트랙데이에 나가면 문제가 있었다. 다른 모든 드라이버의 표적이 된다는 것이었다!

"아무튼 돌아올 때는 아름다운 여름 오후였다. 도로는 조용했다. 추월대상이 나타날 때 대향차가 전혀 없는 절호의 기회였다. 3~4단에서 터보를 한계까지 몰아붙이면 충분했다. 그 중간 기어에서 엔진사운드는 환상적이었다. 페라리가 자아내는 환상의 세계에 들어가자 르망 24시간의 피니시라인을 통과한 뒤의 슬로다운 랩을 돌아가는 기분이었다. 그때부터 F40과 진정한 연대감을 느끼기 시작했다."

"나는 한해 평균 1000km를 달렸고, 해마다 서비스를 받았다. 헤드램프는 대단하지 않아 빗속에서는 흐려졌다. 에어컨이 고장나면 서비스를 불러야 했다. 실내가 너무 더워지기 때문이었다. 해마다 겨울에는 2개월쯤 세워둬야 했다. 그럴 때면 팔아야겠다는 생각이 들었다. 하지만 다시 봄이 오면 차를 몰고 나갔고, 그런 생각은 까맣게 잊었다."

F40이 출시된 지 30년, 생산이 중단된 지 25년이 지났다. 전설은 계속해서 늘고 있다. "엔초와 창업을 기리는 중대성명이었다." 니콜스가 결론지었다. "기술진은 진정한 정열과 순수한 사명감으로 F40에 다가갔다."

"방대한 파워를 담은 경량차였고, 운전재미가 엄청났다." 베누치의 말. "우리는 웨버와 손잡고 실로 거대한 차이를 만들어냈다. 물론 핸들링도 아주 좋았다. 따라서 전체적으로 대단한 패키지였다. 만일 우리가 파워 스티어링과 브레이크를 채택할 수 있었다면 F40은 오늘날의 슈퍼카 중에서도 강자로 위력을 떨칠 것이다."

페라리의 주요 스펙은 478마력, 0→시속 160km 가속 8.3초, 최고시속 323km. 그 숫자는 뒤에 나온 일련의 슈퍼카 앞에서 퇴색되고 말았다. 하지만 이 차는 통계숫자로 가늠할 수 있는 머신이 아니다. 그들은 내가 느낀 인상을 아예 전달하지 못했다. 감동적인 운전경험과 모든 숨구멍에서 솟아나는 위압적 카리스마를 전달하지 못했다. 페라리는 뿌리로 돌아가 F40의 심장에 순수한 정서를 심었고, 역사상 가장 위대한 슈퍼카를 빚어냈다.

페라리의 제이슨 해리스와 조앤 마셜, 그리고 마크 호킨스와 피터 불러드에게 감사를 전한다.

글·제임스 페이지(James Page) 사진·제임스 만(James Mann), 아르키비오 피닌파리나 (Archivio Pininfarina) & M 카바추티(M Cavazzuti), 페라리 SpA

페라리 F40

판매기간/생산대수	1987~1992년/ 1315대
구조	강관섀시+탄소섬유 봉합터브, 케블라 보디패널
엔진	완전합금 뱅크별 DOHC 2936cc, 90° V8, 트윈 IHI 터보, 웨버-마렐리 전자연료분사
트랜스미션	5단 수동, 트랜스액슬, 뒷바퀴굴림
서스펜션	독립식 위시본, 코일스프링과 텔레스코픽, 앞뒤 안티롤바
브레이크	V디스크
스티어링	랙&피니언
길이x너비x높이	4430x1981x1117mm
휠베이스	2450mm
무게	1100kg
0→시속 100km 가속	4.2초
최고시속	323km
연비	4.3km/L
신형가격	16만 파운드(약 2억3000만 원)
현재가격	60만~80만 파운드(8억6300만~11억5000만 원)

하이퍼카의 진화

365 GT4 BB
1973~1976년

페라리 최초의 본격적인 슈퍼카. 알루미늄+강철+강화플라스틱의 매혹적인 피오라반티 보디에 4391cc 수평대향 12기통(사실은 각도를 크게 낮춘 V형)을 담았다. 1976년 4943cc 512BB로 탈바꿈했다. F1의 영웅 질 빌뇌브가 탐한 차로 높은 평가를 받았다.
최고출력 380마력, 0→시속 100km 가속 6.5초, 최고시속 275km

288 GTO
1984~1986년

272대를 만든 이 차는 그룹 B에 출전할 경주차였다. 그러나 GTO는 그룹B 카테고리가 폐지되자 로드카로 내려앉았다. 트윈터보 V8이 F40의 바탕을 이루었다. 페라리 슈퍼카 중에서 가장 잘 생겼다는 평을 받았다.
최고출력 400마력, 0→시속 100km 가속 4.9초. 최고시속 304km

F50 1995~1997년

F50이 등장했을 때 세상은 변했다. 맥라렌 F1이 출현해 마침내 하이퍼카 시대가 열렸다. 페라리는 V12와 카본파이버 모노코크를 통해 F1 머신과의 인연을 굳히고 있었다. 그런데 F50은 따뜻한 환영을 받지 못했다. 그러나 지금 F50의 가치는 탄탄하다.

최고출력 513마력, 0→시속 97km 가속 3.7초. 최고시속 325km

엔초 2002~2005년

21세기 초 페라리는 트랙 안팎에서 화려한 스타일을 자랑했다. 엔초는 카본세라믹 브레이크, 패들시프트 기어박스, 영리한 언더보디 공력성능과 휘몰아치는 V12로 무장했다. 한편 첨단 전자장비는 미물에 불과한 인간에게 거대한 성능에 접근할 길을 터줬다.

최고출력 650마력, 0→시속 97km 가속 3.5초. 최고시속 349km

라페라리 2013~2017년

실로 거창한 이름을 지나고 나면 사실이 드러났다. 이탈리아어 정관사(La)와 페라리(Ferrari)로 짜여진 이 차는 F1에서 핵심기술을 가져왔다. 엔진(이 경우에는 6.3L V12)과 하이브리드 KERS 기술을 아울렀다. 후자는 이미 건장한 790마력에 160마력을 추가한다. 결코 아름답지 않으나 치열하게 빨랐다.

최고출력 950마력, 0→시속 97km 가속 2.4초. 최고시속 350km

280 GTO, F40, F50, 엔초
그리고 폭우에 젖은 트랙

F40 DKE

페라리 288 GT0는 실로 화려하고 위엄 있는 머신이다. 건조한 코스에서 심약한 자의 간담을 서늘하게 할 위력을 갖췄다. 게다가 우리 시승코스 브런팅소프 비행장에는 억세게 비가 내리고 있었다. GTO와 함께 경쟁에 뛰어들 또 다른 페라리 3대(한층 빠른)가 기다리고 있었다.

지난 이른 봄으로 돌아가 보자. 그때만 해도 페라리 4인방 288 GTO, F40, F50와 엔초를 한자리에 모으려는 불손한 음모는 상상도 할 수 없었다. 하지만 지금 우리는 비에 젖은 브런팅소프 에어로드롬에 모여 우산 밑에 웅

크리고 있다.

비행장에 찬비를 쏟아 붓는 자연의 심술에 절로 욕이 터져 나왔다. 그럼에도 황당할 정도로 쾌활한 사진기자는 날씨가 곧 개일 거라고 장담했다. 그러자 DK 엔지니어링에서 나온 친구들이 고개를 주억거리며 씨익 웃었다. 어쨌든 길이 3.2km 직선코스가 있는 한 비가 온다고 이 거대한 계획을 거둬들일 우리가 아니었다.

솔직히 빗속에서 슈퍼카를 몰아붙이는 건 지극히 무모하다. 마치 최고

급 레스토랑에 가서 의학적으로 가장 바람직하지 않은 요리를 주문하는 것과 마찬가지. 보기에는 맛이 기가 막힐지 모른다. 하지만 심장발작을 일으킬 위험이 있다. 어쨌든 GTO를 몰고 요철이 심하기로 악명 높은 비행장 서킷으로 달려 나갔다. 이때 내 머릿속에는 오직 한 가지 생각뿐이었다. '나를 죽이겠다고 덤벼든다면 어디 한번 붙어보자'

GTO는 페라리가 '도전적' 스타일로 나가기 이전에 나왔다. 1980년대 중반 이 차는 정신이 똑바로 박힌 젊은이들의 침실 벽을 도배질한 자동차 핀업의 여왕이었다. 원래 GTO는 모터스포츠를 전제로 구상됐다. 그럼에도 여기 나온 4대 걸작 가운데 가장 아름답다. 물론 당시 미학적 효과란 2차적인 문제였다. 하지만 이 차는 역시 '올드' 페라리. 당시 아름답지 않은 페라리란 있을 수 없었다. 이보다 더 빠른 슈퍼카도 많다-요즘에는 이보다 더 빠른 세단도 흔하다. 그러나 단순한 스펙만으로 288 GTO를 평가한다면 실례다.

메이커의 스펙을 그대로 믿는다면 0→시속 97km 가속에 4.9초, 최고시속 304.2km. 1984년 데뷔 당시 양산차 세계 최고속을 자랑했다. 그마저도 숫자에 지나지 않는다. rpm이 올라갈 때 솟아오르는 GTO(Gran Turismo Omologato)의 쓰나미를 정확히 그려낼 수 없기 때문. 3단 3500rpm에 도달하면 부스트-게이지 바늘이 미친 듯 흔들리고 출력의 85%가 분출한다. 운전보조장치들을 갖춘 현대식 슈퍼카에 익숙한 이들에게는 지극히 생소할 수밖에 없다. DK의 제임스 코팅엄이 알맹이를 간추렸다. "드라이버에게 재미를 보여주고, 그를 씹어 삼킨 뒤 뱉어낼 야수다"

GTO는 FIA(국제자동차연맹)의 그룹 B 카테고리에서 경쟁하려는 유일한 목적으로 만들어졌다. 최소 중량 1097kg에 똑같은 보디를 가진 20대의 '진화적' 모델이 레이스에 출전하게 된다. 그에 앞서 경기규정에 따라 적어도 200대의 로드카 버전을 팔아야 한다. 그룹 B 랠리는 잠시 상승기를 맞

280 GTO

았다. 안타깝게도 서킷에 뿌리를 둔 레이스는 메이커의 무관심으로 실패하고 말았다.

피닌파리나의 레오나르도 피오라반티가 디자인한 GTO는 외형이 비슷한 308 GTB와 강철도어를 함께 쓸 뿐이다. 휠베이스가 한층 길어져 차체의 균형이 크게 달라졌다. 페라리는 GTO를 통해 처음으로 보디와 섀시에

F40

복합소재를 조심스레 받아들였다. 308에서 일부 빌려온 강철 섀시는 뒤 벌크헤드로 강화했다.

이 벌크헤드는 알루미늄 벌집 구조를 사이에 끼운 2중 케블라/글라스파이버를 받아들였다. 경량 보디는 케블라/노멕으로 만들었다. 앞 보닛은 무게가 겨우 3kg. 그런 다음 IHI 터보를 308 TGB에서 가져와 다시 손질한

32밸브 V8와 짝지어 출력을 242마력에서 406마력으로 끌어올렸다. 여기서 가로가 아니라 직렬로 엔진을, F1식으로 뒤쪽에 5단 기어박스를 놨다.

하지만 GTO는 단 한 번도 레이스에 나가지 않았다. 그럼에도 GTO는 압도적으로 유능한 로드카여서 전혀 문제가 되지 않았다. 엉덩이를 감싸주는 시트에 내려앉을 때 친숙한 느낌이 들었다. 당대의 다른 미드십 페라리와 아주 닮았다. 운전위치는 약간 비스듬하다. 그보다는 오렌지와 검정 계기들이 더 강렬한 인상을 준다. 속도계는 시속 320km까지 표시돼 있다. 엔진 회전계는 레드라인이 7800rpm.

그리고 GTO는 부스트가 0.8바에 이르면 두 터보가 작동했다. 이때 타이어는 사력을 다해 비에 젖은 아스팔트를 긁어댔다. 메마른 노면에서 GTO는 실로 경쾌했다. 파워 지원이 없는 스티어링과 노면의 온갖 요철을 매끈하게 타고 넘는 나긋한 서스펜션이 큰 몫을 했다. 차체는 차분하게 균형을 유지하고, 개다리 기어의 무게는 적절했다. 그리고 경계를 풀지 않는 한 전혀 문제가 없다. 코너 탈출 때 너무 빨리 과도한 파워를 가하면 잠시 언더스티어, 터보가 깨어나면서 오버스티어로 나가 중립으로 돌아갔다. 빗속에서도 고속을 낼 수 있었지만, 집중력을 잃으면 위험하다.

그럼에도 GTO는 F40과 비교하면 습작품에 지나지 않는다. 출시 시차가 3년에 불과한데도 이처럼 차이가 크다니 믿을 수 없었다. GTO가 곡면으로 이뤄진데 비해 F40은 기하학적인 옆모습이 두드러진다. 아름다움과는 거리가 멀지만 실로 위압적이다. 또 다른 피오라반티 작품으로 GTO와는 정반대라 할 수 있었다. 트랙 편향적 호몰로게이션 특별판이 아니라 로드카로 설계했다는 점에서 그렇다. 그로부터 몇 년이 지나서야 GT 엔진의 르네상스가 찾아왔다. 그런데 역설적으로 트랙에서 성공을 찾아 적극 진출했다. 그마저 1992년 생산이 끝난 뒤였다. 실제로 1996년까지 F40은 맥라렌 F1의 코피를 터트리는 재미를 맛봤다.

F40

F50 DKE

F50

이 차의 어디가 아주 특별해서가 아니었다. 다만 81cc를 늘린(2936cc로) 튼튼한 트윈터보 V8이 강력한 다운포스의 공력적인 보디와 합세했다. 심지어 지금도 잔뜩 멋을 부린 경주차로 보인다. 실내에도 그런 분위기가 배어들었다. 본격적인 경주용 버킷시트, 직렬식 운전위치, 비반사 대시보드 표면과 케이블식 도어 손잡이가 그렇다. 아주 편안하기도 하다. 인체공학에 무척 공을 들였다는 증거.

F40에는 온갖 첨단 덕트와 환기장치가 달려있다. 하지만 레이싱 머신의 성격은 쉽게 억제할 수 있다. 클러치가 무겁지만 부스트를 조절하면 시가지에서도 수월하게 몰고 다닐 수 있다. 게다가 서킷에서도 GTO보다 한 수 위. 자연히 485마력과 58.9kg·m의 성능은 빗길을 재미있게 소화했다. 그러다 5단으로 올라가면 평형이 깨지지만 스티어링이 지금까지 나온 어떤 차보다 뛰어났다. 아울러 V디스크는 GTO와는 비교할 수 없는 제동력을 자랑한다. F40은 괴물이 아니다. 스티어링과 브레이킹을 구분할 수 없을 때 팽이처럼 돌아간다. 하지만 너무나 정확하고 치밀해 황당한 실수를 하지 않는 한 위험은 없다. 지극히 매혹적인 슈퍼카.

흔히 친숙하면 무심해질 수 있다. 그러나 F40을 아무리 자주 몰아 봐도 차를 떠날 때면 바보처럼 입이 찢어지게 웃기 마련. 바로 뒤따른 후계차는 기술면에서 반대편에 자리 잡았다. F50은 전혀 다른 시대의 산물. 페라리 최초로 스페이스프레임을 버리고 복합소재 모노코크를 받아들이고, 푸시로드 작동 인보드 서스펜션을 갖췄다. 게다가 터보 V8을 버리고 F1에서 나온 자연흡기 5밸브 헤드 4.7L V12를 달았다. 그런 매력을 갖춘 F50이었지만, 1995년 3월 시장에 나오자 페라리 마니아들이 격렬히 반발했다. 고전적인 아름다움도, 그 어떤 아름다움도 없었다. 그러나 세월이 흐르면서 이질적인 분위기가 점차 사라졌다. 하지만 덩치는 크다. 아울러 타르가톱을 갖췄지만, 루프를 씌웠을 때 더 보기 좋다. 당시 온갖 비난이 쏟아졌으나

F50은 당당했다.

안에 들어가 보자. 소박하게 다듬은 실내는 카본파이버로 도배질했다. 모조품 아닌 진짜 카본파이버. 심지어 기어손잡이도 같다. 한편 디지털/아날로그 계기 비너클은 본격적인 경주차 정보를 모두 제공한다. 스위치기어에서 히터 조절장치에 이르기까지 다른 모든 장비는 나중에 갖다 붙인 듯한 인상을 준다. 하지만 아주 편안했다. 바닥에 박힌 각종 페달은 조절 가능하지만 모모 스티어링은 예외. 다행히도 완벽하게 자리 잡고 있다.

페라리가 'F1의 감격'을 도로에서 맛볼 수 있다고 한 F50. 65° V12가 힘차게 밀어붙인다. 가속은 난폭하다. 하지만 F50은 드라이버를 끝없이 매혹하여 스피드를 2차적 문제로 돌린다. ABS나 트랙션 컨트롤이 없다. 하지만 장대비 속에서도 덩치 큰 F50은 저 뒤쪽 수탉 꼬리를 까닥이며 놀랍도록 날렵하고 자신 있게 달려갔다. 파워지원이 없는 랙&피니언 스티어링은 초고속이고, 팔목만 까닥하면 노즈는 정확히 돌아갔다.

오버스티어가 편안한 드라이버들은 GTO나 F40이 아찔할 법도 하다. 반면 F50은 반사신경이 신의 경지에 이르지 못한 우리들의 비위를 맞춰준다. 겁이 나지 않는다. 우리 시승팀의 어느 누가 말했듯 로터스 엘리스를 빨리 몰 수 있는 사람은 F50도 쉽게 다룰 수 있다. 겁나게 빨라 0→시속 97km 가속에 3.7초, 최고시속 325.1km. 하지만 최후의 운명을 가를 초고속 우주선은 아니다. 다만 F50은 여기 나온 4대 스타 중 가장 경이적이다.

그에 비해 엔초는 놀라움과는 거리가 멀다. 과대선전을 충족시키고도 남았지만. 2002년 베일을 벗었을 때 아름답기를 바랐던 대다수 비평가들은 공황에 빠졌다. 하지만 가까이서 보면 틀림없이 야성적인 미학에 놀란다. 게다가 엣지가 선명한 실루엣은 시속 320km 이상에서 효력을 발휘한다. F50과는 달리 다운포스를 끌어낼 거대한 뒤 스포일러가 없고, 작은 플립업 립이 있을 뿐이다. 정말 재미있는 부분은 차체하부 기류 조절방식. 잘

다듬은 일부 하체 바닥과 평범한 벤투리 터널이 차체를 힘차게 내리누른다.

도어를 끌어내리고 스파르코 시트에 몸을 묻었다. 그러면 옆창 턱이 귀 높이에 걸리고, 초현실적으로 차분했다. 온갖 색상의 버튼이 즐비하고 한 줄의 가속 램프가 달린 스티어링 휠. 거기에는 분명히 전투기적 분위기가

엔초

감돌았다. 적백색 회전계는 10000rpm이, 속도계에는 시속 400km가 새겨져있다. 랩라운드 윈드실드와 시야를 좁히는 구실밖에 없는 루프의 보조 스위치기어가 눈에 들어왔다. 이상한 구조지만 그 자리에 앉아있기만 해도 영웅이 된 기분. 완전히 탑건이 된 듯 우쭐했다.

그렇다고 선배들보다 크게 빠르다는 말은 아니다. 0→시속 97km 가속에 3.5초, 0→시속 201km 가속에 9.5초. 하지만 여기에는 미개지를 헤쳐 나가는 느낌이 역력하다. 가변 밸브 타이밍 6L V12는 앞으로 돌진하면서 요란한 불협화음과 발작을 일으켰다. 패들을 건드릴 때마다 더 큰 소동이 벌어져 처음에는 화들짝 놀랐다. 한 순간에 제한속도의 2배로 달리고, 계속 페이스는 올랐다. 갑자기 3.2km 직선코스가 끝났다. 다행히 브렘보 세라믹이 갈비뼈를 으스러트리는 제동력을 발휘했다.

엔초는 스피드 감각을 확 바꿔 놓았다. 정상적인 기어레버나 클러치가 없기 때문에 이런 초기의 거리감은 더했다. 그러나 일단 엄청난 페이스와 초민감 스티어링의 정보를 받아들이면 드라이버는 차와 하나가 된다. 사실 좀 더 일을 시키지 않는 엔초에 실망할 수도 있다. 코너링은 일종의 정신 작업이다. '주여 나를 구하옵소서'식 스티어링 운전보조장치들이 있어 폭우 속에서도 한계에 도달하기는 어렵지 않았다.

궁극적으로 여기서는 승자도 패자도 없다. 어느 정도 자신 있게 288 GTO를 몰 때의 감동은 세계에서 가장 섹시한 여인과 짝지을 때와 같다. 다만 이 GTO는 식인종이라는 점이 다를 뿐이다. F40은 약간 겁나는 지존. 좀 더 많은 추억을 갈망하면서도 지난날의 추억에 매달리게 했다. F50은 가장 희귀한 물건-저평가된 페라리다. 큰 기회를 기다리면서 계속 사이드 라인에서 몸을 풀고 있다. 언젠가 그때가 반드시 올 것이다. 다음으로 엔초. 마치 예술치료 프로그램에서 나온 듯한 인상을 준다. 하지만 광적인 성능에 어울릴 만한 것은 별로 없었다. 그럼에도 끝까지 밀고 나가면 F40이 여전히 무대를 압도한다. 우중충한 하늘과 출렁대는 빗물을 배경으로 경탄을 자아낼 실력을 과시했다. 대다수 슈퍼카는 시간이 흐를수록 퇴색하고, 정상의 마력도 시들어간다. 하지만 F40의 자력은 세월이 지날수록 강화된다. 복잡한 것이 반드시 더 좋지는 않다는 사실을 똑똑히 보여줬다.

엔초

FERRARI 288GTO

판매년도/생산대수	1984~86/272
구조	터뷸러 스틸 섀시, 스틸, 글라스파이버/케블라 보디
엔진	모두 알로이, 트윈 IHI 터보차저와 웨버-마렐리 전자식 인젝션이 달린 32밸브 2855cc V8
최대출력	406마력/7000rpm
최대토크	50.6kg·m/3800rpm
변속기	5단 수동
서스펜션	독립식, 더블 위시본, 코일스프링, 코-엑시얼 댐퍼, 안티롤바
스티어링	랙&피니언
브레이크	모두 V디스크
크기(길이×너비×높이)	4290 × 1910 × 1120mm
휠베이스	2450mm
무게	1160kg
0→시속 97km 가속	4.9초
최고시속	304.2km

FERRARI F40

288GTO와 다른 항목만 표기

판매년도/생산대수	1987~92/1315
구조	위와 같고 컴포지트 패널 추가
엔진	2936cc, 트윈터보 V8
최대출력	485마력/7000rpm
최대토크	58.9kg·m/4000rpm
크기(길이×너비×높이)	4430 × 1981 × 1117mm
무게	1104kg
0→시속 97km 가속	4.5초
최고시속	325.1km

FERRARI F50

F40과 다른 항목만 표기

판매년도/생산대수	1995~97/349
구조	카본파이버 컴포지트 모노코크, 사이드 임팩트 도어 빔
엔진	4698cc 60밸브 65° V12, 보쉬 모노트릭 2.7 멀티포인트 인젝션
최대출력	520마력/8000rpm
최대토크	45.2kg·m/6500rpm
변속기	6단 수동
서스펜션	더블 위시본, 코일 오버 댐퍼, 높이 조정 가능
브레이크	크로스드릴 V디스크, 4포트 캘리퍼
크기(길이×너비×높이)	4480 × 1986 × 1120mm
휠베이스	2580mm
무게	1350kg
0→시속 97km 가속	3.7초

FERRARI ENZO

F50과 다른 항목만 표기

판매년도/생산대수	2002~05/400
구조	카본파이버 모노코크
엔진	5998 V12, 4밸브/실린더
최대출력	659마력/7800rpm
최대토크	67.1kg·m/5500rpm
변속기	시퀀셜 패들시프트가 달린 6단 반자동
서스펜션	위시본, 코일스프링, 수평 가스댐퍼, 안티롤바
스티어링	전동식 랙&피니언
브레이크	카본세라믹 디스크, ABS
크기(길이×너비×높이)	4702 × 2035 × 1147mm
휠베이스	2650mm
무게	1365kg
0→시속 97km 가속	3.5초
최고시속	349.2km (제한)

스티브 맥퀸의 페라리 275GTB/4

CALIFORNIA
WCT 710

이탈리아 마라넬로 하늘에 걸린 늦가을 해가 서쪽으로 기울고 있었다. 이곳 피오라노 서킷은 1972년 엔초 페라리의 뒷마당에 들어선 길이 2.99km의 테스트 트랙이다. 하늘에서 내려다보면 마치 아무렇게나 버려진 신발 끈과 같다. 하지만 누구나 한번 달리기를 꿈꾸는 카 마니아의 성지.

이 방정식에 드림카 한 대를 추가했다. 더구나 생산량이 300대도 채 되지 않은 모델 중 한 대여서 가슴이 벅찼다.

내게 275GTB/4는 가장 잘생기고 가장 뛰어난 만능 페라리 로드카 후보였다. 그 유일한 라이벌은 그에 앞선 250GT SWB뿐이라고 할 수 있다. 이전의 한층 야성적인 250 V12를 좀 더 매끈하고 쓰기 쉽게 손질했다. 특히 4캠형이 두드러졌지만 스타일은 반대 방향으로 나갔다. 숏 휠베이스의 1950년대 말 원피스 수영복 스타일은 조금은 상상에 맡겨진 구석이 있었다. 한데 275는 한층 개방적인 섹시한 비키니 스타일로 바뀌었다.

마라넬로 공장에서 복원된 뒤 트랙까지 몇 킬로미터를 달렸다. 새 차가 나왔을 때의 경험을 정확히 되살리는 장면이었다. 물론 갓 복원한 차에 대한 생각은 두 갈래로 나눠진다. 다행히 이 차 오너는 '새로' 복원한 차는 새 차와 똑같아야 한다고 믿었다. 살살 다루기보다는 한계까지 몰아붙일 절호의 기회로 봤다.

그 오너는 자기보다는 차에 초점을 맞춰야 한다며 애써 각광을 피했다. 다만 이 차의 족보를 알리기 위해 첫 오너를 밝힌다면 스티브 맥퀸. 야성적인 할리우드 스타였다.

아, 맥퀸. 최근 몇 년 사이에 할리우드 아이콘 맥퀸에 대한 관심이 고조되고 있다. 그와 함께 그에 대한 반발도 못지않게 거세게 일고 있다. 어쨌든 우리의 전설 맥퀸은 실제보다 과장됐다는 비난이 일고 있다. 그럼에도 그와 연관된 모든 것에 말할 수 없는 신비가 서려있다.

때문에 이 차는 맥퀸의 1968년 캘리포니아 번호판 WCT 710을 달고 있다. 피오라노 주차구역에 서 있는 자료 사진(왼쪽)을 보면 그 옆에 선 맥퀸의 모습이 떠오른다. 이 차는 직선이 하나도 없는 거대한 엉덩이에서 두드러진 앞 흡입구에 이르기까지 경이적인 대칭을 이뤘다. 끝없이 절묘한 디테

일이 눈에 들어왔다. 범퍼 아래 숨겨진 후진등, 4개 파이프 위의 테일램프 등등….

보닛 입구는 좁지만 예술작품과 같은 콜롬보 V12를 아름답게 감싸고 있다. 엔진 꼭대기에는 거대한 나사처럼 4개의 캠이 덮고 있었다. 사실 요즘 페라리와는 달리 트림을 지나치게 쓰지 않았다. 그래서 더욱 좋았다. 이때는 페라리가 뛰어난 개성에 자신감이 넘쳐 차체에 지나친 광고를 할 필요가 없었다. 엔초는 페라리를 알아보지 못하는 고객을 거들떠보지도 않았다.

275는 제대로 된 GT. 나직한 트렁크는 2개의 가방을 넣기에 충분했다. 실내에서 가파르게 기울어진 윈드실드는 모서리를 감싸고 돌아간다. 두꺼운 뒤 필러를 제외하면 놀랍게 탁 트인 뒤 창과 더불어 전방위 시야가 탁월했다. 실내는 대륙을 횡단하기에 알맞을 만큼 시원한 느낌을 줬다. 흠잡을 데 없는 검은 트림과 섬세한 쿼터라이트 오프너와 같은 경이적인 솜씨가 돋보였다.

멋쟁이 3-스포크 나르디 스티어링의 목재 림은 땅딸막하고, 그 너머 인상적인 베글리아 다이얼 뱅크가 운전자 쪽으로 가볍게 기울어졌다. 거기에는 시속 290km 속도계와 레드존 7600rpm을 넘어 8000rpm에 이르는 회전계가 달려 있었다.

패딩이 두꺼운 버킷시트는 몸을 편안히 받쳐주고, 그 뒤에는 부드러운 짐을 넣을 공간이 있었다. 트렁크에 오래 보관할 가방을 건드리지 않고 자주 손댈 짐을 싣기에 편리하다.

275는 1964년 세상에 나왔다. 그와 함께 페라리 최초의 트랜스액슬과 전방위 독립 서스펜션을 갖췄다. 2년 뒤 개량형이 안정토크 튜브와 고속 부력을 막을 좀 더 긴 노즈를 받아들였다. 뒤이어 304마력 4캠이 등장했다. 그를 위해 트랜스액슬을 다시 손질했다. 드라이섬프 V12 3286cc는 밸브각을 54° (60° 에서)로 줄였다. 그리고 6개 웨버는 기본장비. 그래서 시속 260km를 넘어설 수 있었다. 새로운 용어 '슈퍼카'라는 미사일 군단을 살짝 밑도는 수준에 도달했다.

갑자기 차단봉이 올라가고 한 남자가 우리에게 트랙으로 들어오라고 손짓했다. 기어레버를 친숙한 게이트에 넣고 클러치(크지만 무겁지 않은)를 들

CALIFORNIA
WCT 710

었다. 275GTB/4는 저속으로 다소곳이 앞으로 나갔다. 첫 코너를 향해 액셀을 지긋이 내리밟았다. 한데 브레이크도 타이어도 기어박스도 제대로 온도가 오르지 않아 첫 번째 우회전 급커브에서는 서두르지 않았다.

한 바퀴를 완전히 돈 뒤에야 페라리의 모든 기계적 성능을 앞당길 수 있었다. 장거리 고속코너에서 절정에 이르자 안정된 자세가 그 위력을 발휘했다. 아울러 275는 드래그 레이서의 돌파력을 보여줬다. 하지만 이같이 세련된 페라리에는 좀 어울리지 않았다.

일단 열이 오르자 브레이크는 절정에 달했다. 처음 반발하던 기어박스도 마찬가지였다. 행정의 길이와 기어 정확성 때문에 모든 오픈게이트 페라리가 그랬다. 처음에는 기어박스가 썩 마음에 들지 않았지만, 의도적으로 정성을 들이면 놀랍도록 매끈했다. 기어변환 때마다 격렬하게 파워가 분출하기보다는 매끈하게 솟아올랐다. 서퍼가 거대한 파도를 탈 때와 같았다.

GTB/4는 아주 세련되어 부드럽다고 느끼기 쉽지만 사실은 그렇지 않았다. 한계까지 몰아붙여도 손발 동작에 집중할 수 있어 스릴이 높았다. 급

커브에서 긴 노즈를 잡아들이기는 어려웠다. 하지만 트랙을 쓸기 시작하면 반응이 뛰어난 길이 30cm에 너비 3cm의 오건 드로틀로 주행라인을 지켜냈다.

275GTB/4는 스피드와 핸들링에서 뛰어났다. 고성능차로서의 275는 로터리와 서킷에서 다 같이 예상을 넘었다. 매끈한 승차감, 예리한 저속 주행력, 도로에서의 중립적 핸들링이 탁월했다. 따라서 이 차의 성격은 변하지 않았고, 성격분열은 없었다. 다만 저속과 고속을 똑같이 잘 소화했을 뿐이었다.

화가 잔뜩 난 이탈리아 사나이가 우리를 향해 삿대질을 했다. 주행을 중단하라는 단호한 신호를 무시하고 몇 주를 더 돌았기 때문이었다. 그의 몸짓을 더 이상 무시할 수 없어 속도를 줄이며 심호흡을 했다. 트랙 가의 주차장에 들어가 잠시 숨을 가다듬으며 경외감에 잠겼다. 피오라노를 독점한 짜릿한 감동이 온몸을 감쌌다. 어디를 가든 275GTB/4는 그 자체가 보기 드문 특권이었다. 한데 그 모두를 하나로 아우르고 할리우드의 마력을 살짝 뿌리자 일생의 감격이 넘쳐났다.

아무튼 맥퀸 '산업'은 이제 극한에 도달해 수많은 사람(얼마쯤 나도 포함해서)은 신물이 났다. 그의 누더기 같은 낡은 〈블릿〉 지리선생 재킷이 50만 파운드(약 8억6천350만 원)라는 말이 나돌았다. 이처럼 열광적인 반응을 배경에 깔고 맥퀸의 275GTB/4는 트랙을 달렸다. 그렇지 않았다면 이 기사는 덧없는 소설에 그치고 말 터이다. 실제로 내가 직접 체험했고 그 증거가 되는 사진이 있다. 하지만 너무나 파격적인 경험이어서 현실인지 상상인지 어리둥절하다.

글·제임스 엘리엇(James Elliott)

사진·줄리안 마키(Julian Mackie)

레이스의 추억, 디노 196S

"조심하라구." 페라리 전문업체 DK 엔지니어링의 제러미 코팅엄이 미리 귀띔했다. "오늘 오후에 이 차를 사려는 사람이 오니까." 시가 1천만 달러(약 107억 원)짜리 1959 디노 스포츠 레이서를 막 몰고 떠나려고 할 때 반가운 소식은 아니었다. 이 차는 포르쉐 RSK 군단과 맞서기 위해 만든 3대의 V6 미녀 3대 가운데 최고다. 페라리 V12의 절반인 뱅크당 단일 캠 2.0L 60° V6을 얹은 축소형 테스타 로사. 7800rpm에 198마력을 뿜어낸다. 그러나 걸핏하면 큰형들을 궁지에 몰아넣었다.

엔진 크기에 따라 196S 또는 246으로 알려진 주니어-리그 프로토타입은 마세라티 '버드케이지', 애스턴 마틴 DBR, 리스터와 어울릴 수 있었다. 지금도 점차 희귀해지는 히스토릭 레이스에 출전하여 그런 사실을 뒷받침했다.

우리가 섀시 번호 0776을 타르가 플로리오로 몰고 돌아갔다면 그 감회는 말로 다할 수 없었을 터였다. 거기서 멕시코인 형제 리카르도와 페드로 로드리게스는 가차 없이 포르쉐 RSK를 추격했다. 그들은 페라리를 몰고 옆구르기를 비롯해 잇따라 보디 공격을 시도했다. 하지만 우리의 시승 장소는 밀부르크 프루빙 그라운드의 산길 코스. 실로 험악한 루트는 시칠리아 클래식 코스의 멋진 대안이었다. 암벽과 멈춰선 토폴리노 대신 아름코 가드레일이 바싹 다가와 있었다.

디노의 콕핏에서는 스페이스프레임과 높다란 센터콘솔 사이에 놓인 버킷시트가 아늑했다. 스타일은 전설적인 1959 테스타로사와 흡사했지만 자세히 살피면 보닛이 더 짧고 퍼스펙스 보닛 벌지 밑에는 독특한 6개 웨버 흡기구가 자리 잡았다. 피닌파리나가 스타일을 담당했지만, 보디는 메다로 판투치가 만들었다. 판투치는 페라리팀의 레이싱 사업을 넘겨받았다.

고전적인 나르디 스티어링 뒤에는 금속 대시보드 위에 6개의 흑판 예거 다이얼이 배치돼있다. 속도계는 없지만 회전계(레드라인 8500rpm)가 대담하게 중앙을 차지했다. 센터콘솔의 왼쪽에 금속구를 위에 달고 있는 짧은 기어스틱이 5단 게이트에서 솟아났다. V6은 강인한 엔진이지만 옵셋 기어박스/드라이브라인은 디자인에서 가장 큰 약점이었다.

무겁고 격렬한 경주용 클러치를 달고 있는 디노는 출발하기가 까다로웠지만 일단 달리기 시작하면 섀시는 활기에 넘쳤다. 코팅엄이 경고한 대로 앞쪽 독립형이고 뒤쪽 라이브액슬인 서스펜션은 현대적 서킷을 달리기에는 너무 뻣뻣했다. 요철을 만나면 잽싸게 엉덩이를 흔들며 넘어갔다. 브레이크

N.A.R.T.
Dino Ferrari

MEXICO

를 걸 때 고꾸라지는 기미는 없었고, 모든 것이 즉시 과민반응을 보였다. 던롭 디스크는 막강한 제동력을 과시했다. 예리하고 아름답게 비중을 잡은 스티어링과 바싹 죄어 잡은 기어비가 680kg 디노에 생기를 불어넣었다.

좀 더 힘차게 몰아붙이자 섀시는 환상적으로 침착했다. 그래서 현대의 에이스 드라이버 장-마르크 구농과 샘 핸콕이 굿우드 서킷에서 디노의 개성을 한껏 과시했다. "던롭 디스크 덕분에 코너를 훨씬 깊숙이 파고들 수 있다" 코팅엄의 말. "아주 민첩하다. 현대적 트랙에서는 밸런스를 한껏 살릴 수 있지만 잠재력을 최대한 뽑아내려면 목을 비틀어야 한다"

전방 불명의 밀브루크 등마루와 급커브는 곧 내 숨통을 막았다. 디노의 중립적 고속 안정성을 확인하기 위해서는 탁 트인 고속 코너가 필요했지만 여기서 오리지널 판투치 보디를 비틀까봐 조마조마했다. "최고의 밸런스를 자랑하지만, 총력전을 펴면 핸들링이 칼날처럼 날카롭다" 코팅엄의 말.

V6의 빡빡한 성격 탓에 몇 바퀴를 돌며 조정해야 하지만 일단 노랫가락이 흘러나오기 시작하면 공격적인 펀치를 휘둘렀다. 요령은 4000rpm 이상의 회전대를 지키는 것. 적극적인 기어변환으로 어렵지는 않았다. 배기관의 굉음은 V12의 매혹적인 요들송에 비해 컬컬하고 투박했다. 결국 끝에 가서 귀가 먹먹했다.

196/246의 팬에는 고인이 된 미국계 F1 챔피언 필 힐이 들어 있었다. 그는 볼프강 폰 트립스와 함께 246S를 몰고 1960 타르가 플로리오에서 당당히 2위 시상대에 올랐다. 당시 1위는 포르쉐 RS60.

1958년 페라리는 처음으로 V6을 시험했다. 4캠 2L와 2.9L는 1인승 디자인에 아주 가까웠다. 다음 시즌 페라리는 신뢰성을 높이기 위해 뱅크당 1캠 2.0L를 도입했고, 이탈리아 몬자 서킷의 데뷔전에서 승리를 거뒀다. 드라이버는 줄리오 카비앙카. 그해 말 디노 3대를 만들기 시작했다.

제1호차 섀시 번호 0776은 11월 27일~12월 7일의 바하마 스피드 위크에 데뷔했다. NART(북미 레이싱팀)이 2L 클래스에 출전할 디노를 뉴욕에서 바하마로 보냈다. 드라이버는 17세의 리카르토 로드리게스. 그의 아버지 로드리게스 시니어가 출전비용을 모두 떠안았다. 당시 주적은 포르쉐 RSK. 로드리게스는 연습을 거듭하며 자신을 얻었다.

현지 팬들은 극적인 2L급 최종전을 보며 열광했다. 로드리게스는 밥 홀버트의 RSK와 치열한 선두경쟁을 벌였다. 페라리와 포르쉐는 요철이 심한 활주로 서킷에서 선두를 뺏고 빼앗겼다. 멕시코계 로드리게스는 제2주에 선두를 잡았다. 두 라이벌은 속도가 더 느린 아바르트, 파나르와 알파 줄리에타를 따돌리고 최종주 결전에 들어갔다.

3개월 뒤 0776은 플로리다의 세브링 12시간 레이스에 2대의 1959 테스타로사와 함께 출전했다. 리카르도와 그의 형 페드로가 0776의 운전대를 번갈아 잡았다. 영국의 영웅 스털링 모스의 마세라티 '버드케이지'와 피트 러블리의 V12 3L 테스타로사가 앞서 달리고 있었다. 하지만 추격전을 벌이던 로드리게스 형제는 땅거미가 질 무렵 클러치 고장으로 탈락했다.

그해 5월 0776은 유럽으로 돌아와 타르가 플로리오 레이스에 대비했다. 디노는 산악도로 코스에 완벽해 보였다. 강적 포르쉐에 맞서 페라리는 디노 3대를 모두 투입했다. 0784는 필 힐과 볼프강 폰 트립스, 0778은 루도비코 스카르피오티, 윌리 매리스와 줄리오 비앙카가 담당했다. NART는 0776을 끝까지 로드리게스 형제에게 맡겼다.

결승 초반 비바람이 몰아쳐 트랙은 엉망이었다. 진흙이 쌓인 트랙에서 로드리게스 듀오는 선두그룹을 추격 중 제4주에 올리브 덤불을 들이받고 노즈가 찌그러졌다. 뒤이어 골짜기로 굴러 윙과 윈드실드가 부서졌지만 놀랍게도 똑바로 일어섰다. 현지인들의 도움을 받아 레이스에 다시 합세한 로드리게스 형제는 7.5시간을 달려 완주. 종합 7위에 클래스 3위였다. 2년 연속 포르쉐는 페라리를 꺾었다. 하지만 3L 디노가 2위와 4위에 들어 페라리

는 체면을 세웠다.

타르가전을 마친 뒤 누더기가 된 0776은 1만 달러(약 1천70만 원)에 페드로 로드리게스에게 넘어갔다. 페드로는 다시 6천 달러(약 640만 원)를

들여 차를 고쳤다. 페라리 팩토리팀의 지원을 받아 뉘르부르크링 1000km에 나갔지만 종합 7위를 달리다 엔진 고장으로 탈락했다. 빈약한 성적에 실망하고 더 강력한 머신을 찾기로 한 페드로는 차를 치네티로 돌려보내고

대신 V12 3L 테스타로사(0746TR)를 구했다. 하지만 페드로 형제는 딱 두 번 출전했을 뿐.

한편 NART는 미국에서 디노를 계속 레이스에 투입했다. 그러나 1961년 세브링 12시간의 18위가 고작이었다. 그해 6월 펄프가 그 차를 사들여 캐나다 그랑프리에 출전시켜 가장 뛰어난 6위에 올랐다. 1962년 3월 치네티는 또다시 0776을 내놨다. 뉴저지의 톰 오브라이언이 1만 달러에 그 차를 손에 넣었다.

F1 스타 조 시퍼트가 팀오너 로브 워커를 설득해 1966년 이 차를 사들였다. 젠틀맨 프라이비터 드라이버였던 워커는 로드리게스 형제에 깊은 감명을 받았다. 그래서 1962년 자기 소유의 로터스 24 드라이버로 리카르도를 맞아들였지만 리카르도는 멕시코 그랑프리 연습 도중 비극적인 삶을 마

쳤다. 워커는 0776을 로드카 RRW 1로 등록하고 카울을 씌운 헤드램프를 보디에 맞춰 빨갛게 칠했다. 그 뒤 12년간 정기적으로 차를 사용했다.

1992년부터 0776은 히스토릭 레이스에서 다시 활동하기 시작했다. 케리 마놀라스의 열성 덕분이었다. 호주 수집가 마놀라스는 정교하게 복원하고 드라이버 스펜서 마틴을 맞아들여 최상급 행사에 내보냈다. 그 뒤 오너는 카우드리 자작과 앤터니 뱀퍼드 경으로 이어졌다. 한편 이 차는 2008 굿우드 리바이벌 중 서식스 트로피의 치열한 접전에서 4위. 드라이버는 장-마르크 구농이었다. 철저하게 복원된 0776은 지금 미국으로 돌아가는 중이다. 이처럼 값진 머신이 다시 레이스에 나갈지는 두고 볼 일이다.

글·믹 월시(Mick Walsh)

사진·제임스 만(james Mann)

저평가된 페라리, 디노 308GT4

분명히 이들 두 디노는 이름을 제외하고 공통점이 전혀 없다? 아니다. 둘 다 페라리의 새로운 경지를 개척했다. 너무나 확고한 지반을 다져 각자 독자적인 브랜드라고 할 만 했다. 처음에는 둘 다 페라리 충성파의 배척을 받았다. 페라리의 전통과 가치를 뒤엎었다는 이유에서였다. 그중 하나는 어느 정도까지 지위를 되찾았다. 한데 현재의 가치가 당대의 V12에 맞먹을 정도는 아니다. 다른 하나는 틀림없이 열성 팬 그룹을 거느리고 있다. 그럼에도

후계차 몽디알을 제외하면 제일 값싼 페라리로 시들고 있다.

그렇다면 그들의 죄는 무엇인가? 246GT는 그림처럼 아름답지만 '잘못된' 엔진을 얹었다. 겨우 V형 6기통에 불과했다. 그뿐만이 아니다. 게다가 이 멍청한 엔진은 자리를 잘못 잡았다. 드라이버 뒤. 엎친 데 덮친 격으로 가로놓였다. 이 모두가 극히 페라리답지 않아 받아들여지지 않았다.

308GT4도 한계에 부딪쳤다. 고객들이 미드 엔진의 차안을 둘러보자마

자 V8로 돌아섰다. 근력을 앞세우는 미국식 포맷이었다. 페라리의 기술 정신과는 정면으로 위배됐다. 때가 되면 엔진은 받아들여질 가능성이 있었지만 스타일은 종신형을 받았다. 카로체리아 시대 이후의 베르토네가 디자인한 오직 하나뿐인 페라리. 어쨌든 308GT4의 급진적이고 종이접기식 라인은 곡선을 사랑하는 많은 사람들이 받아들이기에는 너무나 거리가 멀었다.

하지만 그들의 공통점은 페라리 팬의 험악한 반발이 전부가 아니었다.

그들은 도로에서 순수한 라이벌로 맞붙었다. 솔직히 246을 쉽게 사들일 두둑한 자산가가 이 기사를 읽고 대신 308을 사고 남은 돈을 묻어두고 좋아할 가능성은 없다. 나아가 13만 파운드(약 2억3천370만 원)에 308을 재담보한 고객이 246에 덤벼들 경우도 있을 리 없다.

그러나 실제로 GT4의 가치가 246GT에 비해 10분의 1에 불과할까? 혹은 반대로 무시당한 2+2가 엄청나게 더 비싼 형제와 드라이버즈카로는 거의 대등할까? 아무튼 둘은 공통점이 많다. 그들의 생산시기가 겹쳤고 판매량이 거의 같았으며 규격이 놀랄 만큼 비슷하다. 0→시속 97km 가속에 0.5초차밖에 없다. 최고시속마저 차이는 6.5km를 넘지 않는다. 그리고 둘 다 황제 엔초 페라리의 미움을 샀다.

물론 246이 먼저 나왔다. 일찍 세상을 떠난 엔초의 아들 이름을 따서

디노라 했고, 의도적으로 '본격적인' 12기통 페라리와 구분했다. 따라서 상대적으로 저가 스포츠카로 세상에 나왔다. 심지어 마라넬로는 '거의 페라리 같다'고 떠들었다. 지금 와서 보면 어처구니없이 오만무례한 태도였다. 어쨌든 디노가 태어나는 고통이 얼마나 컸던가를 잘 말해준다.

1966년 토리노모터쇼에서 피닌파리나의 프로토타입 206이 홈런을 날렸다. 그러자 이듬해 양산에 들어갔고, 합금 보디 패널은 스칼리에티가 담당했다. 강철 보디의 246(덩치가 더 큰 철제블록 V6)이 2년 뒤에 나왔다. 1984년 디노가 드디어 숨을 거뒀을 때 그 존재 가치를 입증하고도 남았다. 자칭 페라리 가치의 심판자들은 싫어했을지 모른다. 하지만 그밖의 모든 사람은 좋아했고 기록적인 판매실적을 기록했다.

1973년 10월 파리모터쇼에서 246은 말썽 많은 동기 2+2와 합세했다.

그 차는 7년 동안 만들어졌다. 1976년에는 페라리 배지를 달 만큼 닦달을 받았다는 판정이 내렸다. 마르첼로 간디니가 자신이 그린 308GT4와 그 이전의 람보르기니 우라코의 드로잉과 비교해 볼 때 실제로 큰 손질을 할 필요는 없었다. 따라서 페라리의 노즈에 문제가 생겼고, 피닌파리나는 처음부터 타박을 당했다고 분통을 터트렸다. 섀시는 246의 강철관 구조의 확대형이었다. 아울러 형님의 다른 발전적(페라리로서는) 장비, 특히 네 바퀴 디스

크 브레이크와 랙&피니언 스티어링이 들어왔다.

엔진을 제외하고도 두 디노는 함께 쓰는 기계부품이 많았다. 4 베버형 4캠 V8은 3베버형 V6을 파워로 압도하여 246의 경량 이점마저 쓸어버렸다. 이들은 예상보다 치열한 접전을 벌였다.

하지만 스타일에서는 그렇게 다를 수가 없었다. 246의 낮고 유연한 곡선미를 자랑하는 스포츠카 스탠스는 당당히 불멸의 미학적 성과로 찬양을 받았다. 가장 뛰어난 클래식 아이콘으로 그 자태는 지극히 고혹적이다. GT4는 그렇게 다를 수 없지만 세월을 잘 삭였다. 저 상큼하고 깨끗한 라인은 과소평가됐고, 우리 기억과는 달리 까칠하지 않았다. 아울러 대칭적 형태가 경이로웠다. 특히 풍성한 각진 유리와 가느다란 필러 덕분에 옆모습이 아름다웠다. 특이하면서도 순수한 매력을 풍긴다. 이 차는 2+2-얼마나 완성된 조각인가를 알기 위해서는 몽디알의 불안한 옆모습과 비교하면 된다.

실내 경쟁은 훨씬 치열하다. 246이 한결 엉성하다. 3개 손잡이가 실내 기능을 거의 감당했다. 게다가 1972년형인 이 차는 좌석과 머리받침이 플라스틱이다. 아직도 작동하고 있는 8트랙 플레이어와 마찬가지로 요즘은 아주 보기 드물다. 한데 멋이 있으면서 편안하다. 대시보드에 펼쳐진 다이얼 뱅크는 인상적이다. 또 상상했던 것보다 실내 공간이 넓다. 따라서 빡빡

하다는 느낌은 전혀 들지 않았다.

GT4의 경우도 마찬가지. 풋웰 공간은 약간 작지만 휠베이스가 더 늘어났기 때문만은 아니다. 심지어 뒤쪽 보조좌석마저 쓸모가 있었다. 사진 촬영을 마친 다음 뒷좌석에서 60km를 달렸지만 큰 불편 없이 살아남았다. 그러나 눈길을 끄는 것은 클래식카 중에서 가장 뛰어난 대시보드. 운전석에 앉아있으면 토성으로 날아가는 우주선 선장이 된 기분이었다. 무광택 알루미늄 계기판의 주요 다이얼은 바로 눈앞에 있고, 보조장치들도 운전자를 향해 배열됐다. 따라서 운전석은 참으로 사랑스러운 곳이었다.

시동을 걸면 뒤쪽에 있는 V8이 약간 거슬리는 소리로 우르릉거릴 뿐 소음은 대부분 4개 배기관으로 빠져나갔다. 다만 3L 엔진의 팽팽한 봉고 리듬을 들을 수 있을 정도였다.

기어박스에는 페라리답지 않은 것이 전혀 없었다. 약간 무거운 클러치를 놓고 긴 레버를 잡는다. 트레이드마크인 오픈 게이트의 다섯 손가락을 따라 묵직하고 적극적이며 빠른 기어체인지에 들어간다. 그런 다음 오르간 같은 드로틀을 밟으면 베버가 끄르륵거리며 천천히 달려 나갔다.

스티어링은 즐거웠다. 가볍고 바늘 끝처럼 예리했다. 가느다란 모모 스티어링을 통해 가장 적절한 무게와 피드백을 전달했다. 그 직접적인 반응은 정상급 핸들링과 어우러졌다. 무거운 것과는 거리가 먼 GT4는 발끝으로 코너 정점으로 뛰어들어 요한 블레이크처럼 침착하고 바람처럼 상쾌하게 코너를 빠져나갔다. 힘차고도 우아했다.

가장 놀라운 것은 승차감. 내리밟을 때까지 상쾌하고 부드럽게 응석을 받아줬다. 그럼에도 이 주니어 슈퍼카는 반응을 기대할 때 흔들리지 않고 탄탄하게 달려 나갔다. 모든 미드십이 그렇듯 힘차게 밟으면 즉각 가공할 아귀힘으로 노면을 움켜잡았다. 그러나 신중하게 다루면 한계에 도달하기 전에 잔잔히 미끄러지며 경고를 보냈다.

308이 상대적으로 젊어 246과의 대결에서 좀 더 유리하다고 할 수도 있었다. 1960년대 모델이 운전성능이 더 뛰어나리라 상상할 수 없기 때문이다. 하지만 실제로 246이 뛰어났다… 아주 쬐끔. 승차감이 더 단단해 도움이 됐다. 클러치는 더 가볍고 스티어링은 한층 상큼했다. 오른 운전석의 경우 레버가 더 높고 운전자와는 더 멀었지만 기어박스는 상당히 비슷했다. 246에서는 운전석이 아주 낮아 이미 컴팩트한 차체가 드라이버를 감싸고 드는 느낌이었고, GT4마저 앞질렀다. 좀 더 도로와 하나가 된 느낌이 들었고, 가파르게 휘어진 앞 윙 사이로 바라보는 모든 뉘앙스를 알차게 음미할 수 있었다. 한층 실용적인 GT4도 2+2 치고는 짜릿할 만큼 좋은 스포츠카였다. 반면 246에는 어떤 조건을 달 필요가 없었다. 명쾌하고 단순한 스포츠카. 게다가 경이적인 스포츠카. 그렇다, 더 강력할 수 있지만, 더 큰 엔진은 탁월한 밸런스를 뒤엎고 일부 즐거운 민첩성을 빼앗는다.

오리지널 디노는 약간 특별하다. 15만 파운드(약 2억6천970만 원) 또는 그 이상이면 으레 가치가 뛰어나다는 주장은 터무니없다. 하지만 246은 그렇다. GT4가 그렇듯 246은 페라리의 동급에서 어처구니없이 과소평가됐다. 그 기풍은 데이토나와 상극일 수 있고, 그 성격도 마찬가지다. 그렇다고 나쁘다고 할 수는 없다.

GT4는 선배의 수준에는 도달하지 못했다. 한데 그밖의 다른 차와 비교하면 결코 뒤떨어지지 않았다. 따라서 가격은 10분의 1밖에 안 되지만 아이콘 246과 거의 비슷한 운전성능을 갖춘 보석이었다. 가장 부당하게 과소평가된 페라리일 뿐 아니라 모든 클래식카 중에서 가장 저평가된 모델이다.

글·제임스 엘리엇(James Elliott)

사진·토비 베이커(Tony Baker)

비냘레의 걸작, 페라리 212 인터 쿠페

두뇌와 입 사이에 여과장치가 없다면 예의바른 사회에 부적합한 말이 쉽게 튀어나온다. 바로 이 1953 페라리 212 인터 쿠페를 보는 순간 그 같은 반응이 일어났다. 너무나 대담한 스타일이 우리를 압도했다. 이 차의 첫 번째 오너는 실로 환상적인 디자인의 걸작에 매료됐다. 실체를 넘어서는 스타일이라고 잘라 말할 수는 없다. 그러나 실체가 스타일의 그늘에 가린 사례인 것만은 분명하다. 스타일은 여러모로 인터 쿠페의 실체였다.

모두가 이른바 '부티크' 시대에 만들어진 페라리에 기대했던 그대로였다. 212 인터 쿠페는 창사 6년 만에 나온 비범한 머신. 당시 카발리노 로판

테 로고를 달고 있던 로드카는 희귀했다. 목적을 위한 수단이었고, 페라리 브랜드의 레이싱 활동을 뒷받침할 자금을 모으기 위한 수단이었다. 심지어 당시에도 겉모습이 비슷한 2대를 찾기는 어려웠다. 대다수를 롤링섀시로 팔았고, 고객이 카로체리아를 골라 보디를 입혔기 때문이었다. 이들 가운데 알프레도 비냘레는 의문의 여지없이 가장 바쁜 카로체아리였다. 사실 그 전성기가 1950년대 중반에 끝나기는 했지만….

1930년대 말로 거슬러 올라가면 엔초 페라리가 대성공을 거두고 있었다. 레이싱팀 알파로메오 스쿠데리아의 이름으로 한 몸에 각광받고 있었다. 하지만 알파로메오가 재정난으로 레이스에서 물러나자 허공에 뜨고 말았다. 한데 이런 난관에도 굽히지 않고 밀고나가 1938년 아우토 아비오 코스트루치오니를 세웠다.

불행히도 이때 2차 대전의 먹구름이 유럽 전역에 몰려들고 있었다. 마라넬로에서 전 세계를 정복하겠다는 꿈은 아득히 사라졌다. 군수품 생산을 위해 수많은 공장이 몰수됐다. 게다가 이탈리아에서는 원자재가 부족해 민간차량을 만들 여력이 없었다. 피아트 508C 섀시를 바탕으로 겨우 2대의 투어링 보디 티포 815가 나왔을 뿐이었다. 둘 다 1940 밀레 밀리아(브레시아 그랑프리라는 이름의 단축 코스에서)의 선두를 달리다가 탈락하고 말았다. 그의 꿈을 이루려면 오랜 세월을 기다려야 했다.

밀라노가 2차 대전의 참화에서 해방되자마자 엔초는 소규모의 유능한 팀을 이끌고 신차 생산에 들어갔다. 이번에는 자신의 성 페라리(Ferrari)를 회사명으로 내세웠다.

자키노 콜롬보(이미 알파 티포 159와 레이스에 출전하지 않은 페라리의 수평대향 12 터보를 만든 전력이 있다)가 1.5L V12를 설계했고, 1946년 9월 시험했다. 이듬해 3월 제1차 프로토타입이 달리기 시작했다. 2개월 뒤 페라리 브랜드는 첫 승을 올렸다. 프랑코 코르테제가 싸이클윙의 125 스파이더를 몰고 데뷔 2전 만에 시상대 정상에 올랐다.

1948년 초 집중적인 개발에 힘입어 125는 배기량을 1995cc(1946cc에서)로 끌어올려 166으로 탈바꿈했다. 페라리는 이 모델을 몰고 국제 모터스포츠의 주역으로 진출했다. 그해 타르가 플로리오와 밀레 밀리아의 정상을 휩쓸었다. 그리고 1948년 11월 처음으로 모터쇼에 등장했다. 이탈리아의 토리노모터쇼에는 166 인터 쿠페와 투어링 보디 166MM(밀레 밀리아/Mille Miglia의 머리글자)를 내놨다. 후자는 별명인 바르케타('작은 배'라는 뜻)로 더 잘 알려졌다.

뒤이어 사정은 약간 복잡해졌다. 166의 끝없는 변종이 뒤따랐다. 먼저 배기량이 더 큰 195의 2개 버전이 나왔다. 3개 웨버의 스포트(Sort)와 단일 카뷰레터의 인터(Inter). 다음으로 2.6L 212는 1951년 브뤼셀모터쇼에 첫선을 보였다. 212는 제1차 '양산' 시리즈의 마지막 버전으로 콜롬보의 V12

가 들어앉았다. 롱 휠베이스(2600mm) 섀시의 로드카는 인터였고, 축소형 엑스포트(Export)는 경주용으로만 팔렸다.

로드카 스펙의 2562cc로는 6500rpm에 약 150마력(3 카뷰레터형은 170마력)을 토해냈다. 그를 바탕으로 인터는 최고시속 195km에 도달했다. 나아가 예외적인 단 한 대(판햄의 에드 애벗이 만든 눈물이 찔끔 날 만큼 괴기한 버전)를 제외하고 모두 오너가 선택한 카로체리아가 보디를 씌웠다.

여기 나온 212는 당대의 페라리 가운데서도 파격적이었다. 비냘레의 다른 일부 창작품에 비춰 결코 위업이라 할 수는 없었다. 1924년 그는 처음으로 잠시 보디제작에 발을 들여놨다. 토리노의 페레로&모란디에서 견습공으로 시작했다. 겨우 11살 때였다.

6년 뒤 그는 바티스타 '피닌' 파리나의 눈길을 끌었고, 그 아래서 수련을 마쳤다. 24살 때 바티스타의 형제이며 스타빌리멘티 파리나의 오너인 지오반니 파리나 휘하에 들어가 제작감독의 자리에 올랐다. 그럼에도 비냘레는 독자적인 사업의 꿈을 접지 않았다. 그처럼 도약하고 자기 카로체리아를 세우는 데 필요한 자금을 모우기 위해 저녁이면 자기 집 지하실에서 주방용품을 설계했다. 한데 2차 대전이 그의 발목을 잡았다.

2차대전이 끝나자 비냘레는 일자리를 찾는 수많은 금속 디자이너의 대열에 끼어들었다. 1947년 거절할 수 없는 제의를 받았다. 야심에 찬 치시탈리아 콘체른의 창업자 피에로 두지오가 인재를 찾고 있었다. 지오반니 사보누치의 202 SMM 아에로디나미코 쿠페 콘셉트의 1:1 실물 모델을 만들 사람이었다. 비냘레는 이 도전을 마음껏 즐겼다. 지난날 제재소였던 건물 안의 방 하나를 빌려 자기 사업을 시작했다.

오래지 않아 비냘레가 냉동 컨테이너 제작 계약을 받자 사업규모는 부쩍 커졌다. 그의 배지를 달게 된 첫 번째는 1974년 보디를 갈아입은 중고 피아트 토폴리노였다. 그즈음 스타빌리멘티 파리나의 동기였던 지오반니 미켈로티와 알찬 인연을 맺었다. 두 친구는 꾸준히 힘을 합쳤다. 미켈로티는 비냘레가 입체적인 작품으로 바꿀 렌더링을 그려냈다. 카로체리아 비냘레의 명성이 하늘을 찔러 거기서 나온 페라리는 당장 명품의 반열에 올랐다.

그러나 이 같은 공생관계는 겨우 몇 년간 계속됐을 뿐이었다. 엔초 페라리는 로드카에 열정을 쏟았다. 한데 보디 스타일의 무한 변신은 고객에게 혼란을 불러일으킨다는 사실을 깨달았다. 그와 더불어 페라리가 어떻게 변신할지 불안을 느끼고 있었다. 엔초는 좀 더 일관성 있는 제품을 원했다. 따라서 엔초는 지난날 비냘레를 고용했던 '피닌' 파리나를 디자인 파트너로 맞아들였다.

1950~54년 비냘레는 약 150개의 섀시에 보디를 입혔다. 우리 시승차는 이른바 '제네바 쿠페' 6개 모델 가운데 첫 번째였다. 1950년 초 섀시 0257 EU는 페라리의 토리노 대리상 시뇨르 폰타넬라에게 넘어갔고, 이듬해 산레모 콩쿠르 델레강스에 나갔다. 이 차는 미국 동부지역 딜러 루이지 키네티에게 수출하기 전에 페라리 공장에서 다시 손질했다. 르망 3회 승자인 키네티는 다시 위스콘신 주 밀워키의 로버트 C. 윌크에게 팔았다.

윌크는 가족사업인 종이제품 생산업체 리어 카즈의 사장이었다. 아울러 일찍이 1920년대 말부터 모터스포츠의 열렬한 마니아로 활약했다. 리더카드 스페셜은 한때 미국 오픈 휠 레이싱과 동의어였다. 1959년과 1962년 인디애나폴리스 500의 정상에 올랐다. 아울러 윌크는 일찍부터 페라리 로드카를 받아들였다. 비범한 기아의 510 수퍼아메리카를 비롯해 몇 대를 갖고 있었다.

윌크의 품안에 들어간 지 몇 년 만에 인터의 오리지널 엔진블록은 손상됐다. 때문에 키네티 모터스의 부품을 갈아 넣어야 했다. 이 차는 1963년 1월까지 윌크의 수집품에 들어 있었다. 그러다가 베벌리 힐즈의 피에르-폴 잘베르에게 팔렸다. 잘베르는 프랑스계 캐나다인이며, 스키 챔피언에서 배

우로 변신한 인물이었다. 그의 친구 피노 렐라를 통해 그 차를 구했다. 렐라는 이탈리아의 올림픽 스키선수였는데 2차 대전 후 할리우드로 건너왔고, 경기 사이사이 이색적인 슈퍼카를 중개했다.

1960년대 내내 잘베르는 정기적으로 페라리를 몰았다. 로스앤젤레스 북쪽의 스키 휴양지 매머드 산을 오갈 때 썼다는 말이 전해진다. 1969년 1월 인터를 에드 주어리스트에게 팔았다. 뉴욕 주 나이액의 빈티지 카 스토어의 주인이었던 주어리스트는 코넥티컷 주 웨스트포트의 존 E. 플랜팅가에게 이 차를 소개했다. 플랜팅가는 그때까지 주행거리 4만3500km였던 그 차를 4500달러(약 458만 원)에 사들였다.

그로부터 8년 뒤 플랜팅가는 그 차를 키네티 모터스에 넘겼다. 26년 된

페라리는 1979년 그레이터 뉴욕 오토모빌쇼의 키네티 스탠드에 나오기도 했다. 주인이 다시 한 번 바뀐 뒤 인터는 크리스티 경매를 통해 그해 말 벨기에 수집가에게 넘어갔다. 흥미롭게도 1980년대 초 키네티 모터스를 통해 팔려나간 산더미 같은 부품 속에 손상된 오리지널 블록이 들어 있었다. 2009년 텍사스의 광팬이 이 페라리를 손에 넣은 뒤 폭넓은 복원작업을 실시했다. 그때 오리지널 블록을 수리하여 다시 보닛 밑 제자리에 넣었다. 올해 초 영국의 마니아 탈리브 샤흐가 인터를 손에 넣었다.

드라마틱 코치워크 부문의 라이벌들은 걱정이 이만저만이 아니었다. 인터는 수려한 윤곽 속에 걸작의 위력과 광기를 동시에 담아냈다. 그건 '나를 보라'고 외치는 시각적 불협화음이었고, 외관상 부조화의 스타일 요소

를 아우른 역설의 산물이었다. 비냘레와 미켈로티가 그 일을 해냈다. 달걀판 그릴과 약간 들어간 헤드램프를 갖춘 앞머리는 환상적인 340 멕시코 쿠페를 연상시켰다. 다만 윙에 올라탄 소형 범퍼는 실용적인 가치가 전혀 없었다. 하지만 초저 루프라인과 비교적 높은 벨트라인이 어울려 마치 만화처럼 파격적인 프로필을 빚어냈다. 흔적뿐인 테일핀과 이중 범퍼 처리방식으로 다듬은 엉덩이는 과장된 순수한 쇼카를 연상시켰다. 하지만 이들 모든 부조화 요소들이 어울려 위력적인 전체를 이뤘다. 때문에 인터에 빠져들지 않기는 쉽지 않았다.

실내에 들어가면 그런 분위기는 더욱 강화된다. 보디컬러의 대시보드, 큼직한 재거 계기와 황갈색 베이크라이트 조절장치 앞에 고전적인 나르디 목재림 스티어링이 서 있다. 그 크기 때문에 운전 자세가 약간 어색하지만 곧 익숙해졌다.

뒤이어 엔진을 점화했다. 거친 시동음이 잦아들자 V12는 잔잔히 흥얼거렸다. 저속에서 인터는 둔중한 느낌을 줬고, 메이크업이 거의 빈티지 수

준이었다. 모두가 자신감으로 귀결됐다. 요철이 심한 영국 시골길을 달릴 때 처음에는 터덜거렸으나 속도를 올리자 한결 스포티했다. 처음에는 당대의 기준을 따르더라도 스티어링이 막연했지만 곧 단단히 조여들었다. 예상보다 직선코스의 조향동작이 뻰질났다. 그러자 피드백이 충분했고, 보상이 따랐다.

이 차는 고속에서 가장 행복했고, 촉각에 반응하는 타입이 아니었다. 변속은 묵직했고, 금속과 금속의 부딪침은 만족스러웠으며, 더블디클러치가 필요한지 의심스러웠다. 하지만 사운드가 너무나 치열해 힘차게 밟지 않고는 견딜 수 없었다. 때문에 사운드가 이 차의 성격을 확연히 드러냈다. 콜롬보 엔진은 내리밟을 때 우렁찼고, 대다수 현대적 V12와는 달리 음향증폭장치가 없었다. 따라서 지극히 자연스러웠다. 약점을 들자면, 드럼 브레이크의 반응이 불안할 만큼 느렸다.

그야말로 212 인터 쿠페는 환상적이었고, 노이즈와 폭음을 드라마와 변덕으로 버무렸다. 따라서 알프레도 비냘레가 페라리 전설 속에 잊힌 인물이 된 것은 안타까운 일이었다. 실제로 1950년대 중반 둘이 갈라선 뒤 비냘레 카로체리아는 딱 한번 마라넬로 작품에 의상을 입혔다. 1968년 루이지 키네티 주니어를 위해 만든 엽기적인 330GT 2+2 슈팅 브레이크. 그 이듬해 비냘레는 세상을 떠났다. 비냘레 카로체리아 주식 90%를 알레한드로 데 토마소에게 매각한 지 불과 1주일 뒤였다.

뒷날 그의 이름은 포드의 라인업 톱모델 몬데오 등에서 되살아났다. 하지만 그보다는 반세기 전 페라리의 명성을 갈고 다듬은 명장으로 기억되어야 마땅하다. 그랬을 뿐 아니라 자신 있게 그 일을 해낸 주인공이었다.

글·리처드 헤슬타인(Richard Heseltine)
사진·토니 베이커(Tony Baker)

테스타로사의 재평가

페라리 테스타로사보다 1980년을 더 우렁차게 상징하는 걸작이 있을까? 테스타로사는 즉석에서 스마트폰을 들이대는 수많은 군중을 끌어 모으는 카리스마를 자랑한다. 탐욕이 빚어낸 역동적 조각이다.

수많은 사람들은 이 차가 자랑하는 황홀한 매력을 무시하고 테스타로사를 세상의 악을 모두 품은 악의 화신으로 몰아붙였다. 하지만 세상사는 얼마나 변덕스러운가. 이제 이 요물 같은 기계를 깊이 사랑해도 반사회적이

라 비난하는 자는 없다. 테스타로사는 이제 위풍당당하다. 사람들은 이 차의 가치가 올라가자 상태가 좋은 차가 없는지 찾아 헤매고 군중은 입을 쩍 벌리고 경멸이 아닌 찬탄의 눈길을 보낸다.

그렇다면 테스타로사는 완전히 복권됐는가? 알다시피 가장 큰 걸림돌은 영국을 위해서 만들지 않았다는 사실. 나는 오랫동안 이처럼 크고 폭이 넓은 차를 런던이 아닌 영국의 다른 곳에서 몰고 다니는 것은 미친 짓이라

는 주장을 굽히지 않았다. 특히 우리 웹사이트에 테스타로사가 해머스미스 다리의 차폭제한을 통과할 가망은 없다고 못박아뒀다.

하지만 피터 디취가 내가 틀렸다는 것을 입증하기 위해 도전에 나섰다. 그는 우리가 아무리 엉뚱한 제안을 해도 빙그레 웃으며 해치웠다. 그는 지난 9년간 슈퍼마켓에 갈 때도, 직장을 오갈 때도 이 차를 사용했다.

하지만 도대체 어떻게 26살의 청년이 테스타로사와 인연을 맺었을까. 그는 맥라렌의 IT 자문역으로 일하고 있다. "사실 나는 25세가 될 때까지 페라리를 사고야 말겠다고 다짐했어요. 하지만 데드라인을 지키지 못한 거죠" 디취의 말.

"돈을 제법 긁어모은 뒤에 저 348을 잡겠다고 나섰어요. 2만2천 파운드(약 4천만 원)가 생겼을 때, 갈색 종이봉투에 담은 돈을 친구에게 맡겼지요. 차를 한 대 사라고. 얼마쯤 지나 전화를 받았어요. 샛노란 테스타로스 한 대를 샀다고 알려주더군요. 보고 싶어 견딜 수 없었지요. 그날 밤 비행기 편으로 돌아왔을 때, 뭔가 쭉 빠진 노란 빛 덩어리가 따라오더니 굉음을 내면서 지나가는 거예요. 나는 속으로 말했지요. '저게 내 차구나' 그리고 마냥 웃었지요. 그 주말 친구 결혼식장에 몰고 가면서도 싱글벙글했어요."

1984년 출시된 테스타로사는 12년간(512TR과 512M을 포함한다면) 잇따라 태어나는 환희를 맛봤다. 그동안 대략 1만 대가 세상에 나왔다. 보디는 강철 튜브 섀시를 덮은 루프와 도어를 제외하면 모두 알루미늄. 뒤에 얹힌 화려한 수평대향 12기통은 400마력에 육박하고, 0→시속 97km 가속에 6초 이하, 최고시속 290km의 성능을 발휘한다. 테스타로사는 바로 페라리의 기함 자리에 올랐다.

우리는 차폭이 문제라고 여겼지만, 그러나 실제로 문제가 되지 않는다는 사실을 곧 알게 되었다. 심지어 공식자료에 나온 너비 198cm는 카운타크보다 날씬하다. 하지만 줄자로 아무리 재고 또 재도 192cm 이상은 나오

WEAK
BRIDGE
7.5T
mgw
D553 NRL

지 않았다.

처음 들른 곳은 해머스미스. 디취는 차폭제한 7피트(213cm)를 꿰뚫고 나갔다. 해머스미스 로터리에서는 걸리겠지? 천만에. 풀햄, 킹스 로드, 붐비는 첼시 임뱅크먼트도 마찬가지. 심지어 우리가 찾을 수 있는 가장 엉망인

도로에서도 끄떡없었다. 너비 2m인 앨버트 브리지는 페라리가 공개한 차폭과 딱 들어맞았다. 이 정도면 도전이라는 말은 한가한 소리. 천천히 그리고 흔들림 없이 앞으로 나갔다. 양쪽에는 겨우 2.5cm의 여백밖에 없었다.

그렇게 잇따른 장애물을 침착하게 뚫고 나갔다. 이윽고 최후의 일격을 가할 퍼트니 하이 스트리드가 나타났다. 언제나 차가 꽉 들어차있는 곳. 우리는 체증 속에 갇혀있었다. 목청을 돋우지 않고도 잡담을 나눌 수 있었다. 이따금 1~2m씩 앞으로 나갔다. 하지만 이곳에서도 전혀 문제가 없었다. 제대로 된 차가 제대로 된 오너를 만나면 어떤 환경에서도 통할 수 있는 것이다. 하지만 유지비는 많은 사람들이 도저히 감당할 수 없다.

지금까지 디취가 연료탱크에 지불한 최고액은 135파운드(약 24만 원). 그러나 그의 계산에 따르면 연비는 고속도로에서 12.8km/L, 시가지에서는 5.1~6.0km/L다. 그렇다면 결코 수치스러운 숫자가 아니다. 하지만 A/S는 어떻게 되나? "글쎄, 지난해 6천 파운드(약 1천만 원)가 들었어요. 그러나 8년마다 받게 되는 서비스를 말하는 거예요. 실제로 1천 파운드(약 180만 원)를 넘어서면 안 되지요"

다시 10분간 유지비를 둘러싼 심문이 계속됐다. 보통 사람들이 이 차를 사봤자 유지할 수 없을 것이라는 증거를 찾기 위해서였다. 디취는 자신이 서비튼의 침대 하나밖에 없는 집에서 살고 있다는 사실을 강조했다. 그 말의 뜻을 알아차렸다. 그는 가난뱅이가 아니다. 하지만 테스타로사를 갖기 위해 백만장자가 될 필요는 없다.

그에게 폭로하고 따질 약점이 더 있을까? 아 그렇다, 사회 일각의 저주. "언제나 호의적인 반응을 기대할 수는 없지요. 내가 차안에 있을 때 한 사람은 차안에 침을 뱉고, 다른 사람은 돈을 던지는 거예요. 그런데 이건 생뚱하게도 영국에서만 일어나는 거예요. 다른 나라에 갔을 때는 단 한 번도 봉변을 당한 적이 없으니까요…"

실내는 놀라운 안락성과 값싼 플라스틱 디테일이 어우러져 지나간 세월을 말해줬다. 하지만 운전위치는 빼어났다. 조작하기 쉬웠고, 게이트형 5단 기어는 내가 지금까지 페라리에서 만난 것 중 최고였다.

스티어링은 호사스럽고 정확했다. 덩치가 큰 이 차는 예상보다 말을 잘

들었고, 시야는 시가지에서 수준 이상이었다. 하지만 가장 충격적인 것은 거동이 너무나 고분고분했다는 것. 액셀을 밟을 때까지는 시속 290km의 가공할 슈퍼카라는 사실을 잊어버린다.

과속턱을 2개 넘은 뒤 테스타로사는 슬슬 목청을 돋우기 시작했다. 나는 이쯤 되면 좀 달려야 하는 게 아니냐고 디춰를 꼬드겼다. 점차 올라가는 엔진 노트가 스피드에 맞춰 우렁찬 멜로디를 연주했다. 점잖은 회전대까지는 정말 감미로운 음악이었다. 수많은 대형 엔진차는 으르렁거리다 마침내 폭발하고 만다. 테스타로사의 베이스 노트는 조율한 기타가 허공을 찢었다.

하지만 놀랍게도 언제나 유연성을 잃지 않았고, 결코 운전이 어렵지 않

았다. 변속을 계속하며 다시 액셀을 바닥까지 밟아도 마찬가지였다. 파워전달이 너무나 힘찼고, 중독성이 높으면서도 매너가 뛰어났다. 때문에 이 화끈한 드라마를 재탕, 삼탕하지 않고는 견딜 수 없었다.

사실 테스타로사는 현란한 차. 수줍은 은둔형, 또는 드라이빙의 매저키스트를 위한 차도 아니다. 흔히 거리를 서성거리며 눈총을 받는 건달도 아니다. 반응은 너무 날카롭고, 파워전달은 너무나 힘찼다. 그렇다, 테스타로사를 사지 말라고 치밀하게 다듬었던 내 주장은 무너지고 말았다.

글·제임스 엘리엇(James Elliott)

사진·말콤 그리피스(Malcom Griffiths)

드림 머신, 288 GTO

자동차의 역사에 분수령이 되는 순간을 가름하는 차들이 있다. 페라리 F40은 아니지만 288 GTO는 들어간다.

"왜?"라고 의문을 표시하고, 나아가서는 항의를 할 수도 있다. F40은 가장 짜릿한 슈퍼카라고 널리 인정받고 있지 않은가? 글쎄, 288이 없었다면 F40도 없었다고 말한다면 결코 불공평하다고 할 수 없기 때문이다. 지금 우리는 오리지널 하이퍼카를 보고 있다. 그렇다, 거기에는 뚜렷한 특징

이 있다. 288은 1984년 3월 제네바모터쇼에서 첫선을 보였다. 공교롭게도 포르쉐의 그루페 B 콘셉트가 나온 뒤였다. 거기서 959 로드카가 태어나기 2년 전이었다. 당시 가장 빠르고 파격적인 차는 람보르기니 카운타크. 아마도 슈퍼카의 정석적인 정의라 할 수 있다. 그럼에도 페라리 테두리안의 테스타로사를 접어두고 288은 그 차를 허공으로 날려버렸다.

따라서 288은 선구자였다. 하지만 그보다 잘 생긴 고성능 미드십이 있었을까? 아마도 더 아름다운 차들이? 그럼 여기서 당장 미우라가 떠오른다.

하지만 프로포션이 이처럼 완벽하고, 순수한 공격성을 이처럼 완벽하게 아름다움과 아우른 차도 없다.

피닌파리나는 자사의 1977 308GTB 스페치알레에서 실마리를 찾아 어느 각도에서 308의 분위기를 살린 차를 만들어냈다. 도로에서 땅딸막하고 네모난 288은 근육질적인 맥박을 펄떡였다. 저 미러에 대해 의문을 던질 수도 있다. 과연 저만큼 커야 할 이유가 있을까? 그런데 기능을 따르는 전체적인 형태 감각에 잘 들어맞았다. 기어박스 케이싱을 뒤꽁무니에 달고 으

스대는 차를 사랑하지 않을 수 없다. 오만하게 갱스터 진을 반쯤 휘날리는 것과 같았다. 뒤 윙의 아가미 3개는 오리지널 1962 GTO를 연상시켰지만 뚜렷한 역할이 있어 상투적이거나 복고적 모방의 틀을 벗어났다.

사진촬영을 하는 순간. 배기관은 잔잔히 달달거리고 사진기자의 셔터가 잇따라 터졌다. 그때 복합소재 보디를 덮고 있는 배기구, 스쿠프, 흡기구와 루버를 헤아려봤다. 통틀어 140개. 모두가 공기를 빨아들이거나 내뱉어 V8을 식히고 타이어를 노면으로 내리눌렀다.

내가 보기에 288 GTO는 피닌파리나의 가장 위대한 디자인 반열에 오르기에 모자람이 없었다. 거기에는 250SWB, 275GTB와 데이토나가 들어 있다. 아, F40 팬들이 고개를 돌리고 있구나. 내가 보기에 후계차에서는 결코 달갑지 않았던 유사 경주차 스타일을 피했다. 그래서 아이러니였다. F40은 경주차와 비슷하게 설계했지만 순수한 로드카로 만들었다. 288은 스테로이드 주사를 맞은 308로 보인다. 그럼에도 강렬한 새 경주차로 태어났다. 따라서 가장 환상적인 그란 투리스모 오몰로가토의 부활(첫 번째)이었다.

경주용으로 설계한 시리즈는 그룹 B였다. 랠리계의 가장 파격적인 모델의 서킷용 버전이었다. 이 경우 양산차 200대를 만들어야 할 필요가 있었다. 겨우 270대 남짓을 만들었지만 골라 뽑은 '특별' 고객에게 넘겨주기 오래전에 모두 팔렸다. 순수한 프로토타입보다 훨씬 경제적이어서 엔초 페라리의 관심을 끌었다. 엔초는 10여년 만에 처음으로 워크스팀으로 모터스포츠에 다시 뛰어들었다. 세상은 1980년대의 슈퍼카 붐의 절정에 들어섰다. 따라서 로드카 버전은 금방 팔려 마라넬로의 페라리에 윈윈의 길이 열리는 듯했다.

하지만 안타깝게도 그룹 B는 랠리 스테이지보다 서킷에 진출하는 속도가 훨씬 느렸다. 페라리가 959와 정면 대결할 준비가 되기 전에 앙리 투아보낭이 세상을 떠났고, 그룹 B는 너무 빠르고 위험하다고 퇴장당해야 했다.

5107

우리 모두는 아무리 짧았어도 그 스타가 눈부시게 빛났던 사실에 감사하지 않을 수 없다. 그 모델이 없었다면 잔잔한 매너의 페라리 308이 결코 태어나지 않았고, 거기서 한 괴물이 만들어지지도 않았을 것이기 때문이다. 남아 있는 308은 많지 않다.

그렇다, 그들의 합금 엔진 블록은 서로 연관이 있었다. 한데 288의 V8은 손아래 슈퍼카 사촌보다는 란치아의 모터스포츠 프로그램에 더 큰 신세를 졌다. 스트로크가 1mm 짧아져 배기량을 2967cc에서 2855cc로 줄였다. 따라서 FIA의 1.4 터보와 대등하게 됐고, 4000cc 클래스의 한계를 밑돌았다. 나아가 288은 엔진 가로 90 ° 로 돌려 세로놓기를 선택했다.

308의 트렁크가 있던 자리에 트랜스액슬 기어박스와 통합 잠김 디퍼렌셜을 놨다. 그 양쪽에는 한 쌍의 인터쿨러 IHI 터보가 달렸다. 트윈 오버헤드 캠, 기통당 4개 밸브, 드라이 섬프와 베버-마렐리 전자 연료분사를 들

여놓는다. 그러면 상당히 이색적인 칵테일이 만들어지고 L당 자그마치 142마력이 폭발한다. 나아가 무게중심을 깔끔하게 낮추고 완벽한 무게배분 50:50에 도달했다.

완전장비를 한 로드카가 그룹 B의 한계중량 1100kg을 지키려면 서둘러 다이어트를 해야 했다. 때문에 케블라 패널을 쓰고 벌크헤드는 복합소재로 만들었다. 그처럼 손질을 했는데도 GTO는 유쾌하고도 전통적인 무엇이 남아 있었다. 여전히 강철튜브 새시를 사용했고, 도어는 솜씨 좋게 다듬은 고품질 알루미늄이었다.

휠베이스가 110mm 더 길었지만 새로운 엔진 레이아웃이 실내를 앞으로 당겼다. 정교한 도어를 열고 안으로 굴러 들어가면 당장 알 수 있었다. 가파르게 기울어진 A필러에 거의 머리가 닿았다. 일단 안에 들어가면 사실상 앞바퀴 위에 올라앉은 느낌이 들었다. 도어를 닫기 전에 DK의 제러미 코팅

엄이 마지막 주의를 줬다. 이 차는 카 마니아를 더러 골탕을 먹였다는 말이었다. “F40보다 훨씬 까다롭다. 좋은 타이어를 신기지 않으면 드라이브를 망칠 수 있다”

오, 제러미, 그쯤 해둬. 이 차는 성능을 살짝 올린 308에 불과한데 뭘 그래? 따라서 이 시승이 어떻게 돌아갈지는 뻔하지, 안 그래? 검은 바탕에 오렌지 베글리아 다이얼, 3스포크 모모 스티어링, 열린 기어레버 게이트가 눈에 들어왔다. 수평대향 V8은 기이하게도 매력 없는 울음소리를 토했다. 박스가 가열되기 전에는 2단에 들어가기 어려웠다. 반면 섀시 성능을 완전히 살릴 페이스에 도달하지 않아도 숭고한 밸런스를 이뤘다. 288은 지금까지 표준형 1980년대 페라리로 받아들였다. 2000년대 초에는 필수적이지만 당대에는 이례적이었던 푸시스타터는 예외였다. 아름답지만 선구적이라고 할 수는 없었다.

게다가 처음에는 실로 온순한 고양이 같아 보였다. 스티어링은 거의 킥백이 없었고, 범프를 매끈하게 소화했다. 재래식 러버 부싱을 쓰고 있다는 증거였다. 저회전대에서 V8은 부드럽고 세련됐고, 심지어 다소곳했다. 실내는 안락했고, 기어박스는 익히기 쉬웠다. 나아가 창밖의 시야가 좋았다. 심지어 섀시 57491은 희귀한 공장장착 에어컨을 달았다. 그렇다고 오늘과 같은 날에 헐떡이는 팬은 별 효과가 없었다.

하지만 제발 자기만족에 빠졌다는 생각을 하지 말기 바란다. 그리고 이미 288에 숙달했다는 착각을 경계해야 한다. 크롬레버를 왼쪽으로 밀고 1단에 들어갔다. 갑작스럽지만 지나치게 예리하지 않은 클러치를 뗐다. 짧게 2단으로 들어가 도로의 첫 직선구간에 들어가 액셀을 밟았다. 다른 288과 마찬가지로 좌운전석형. 페달은 차의 중심선에서 멀리 자리 잡았다. 너무 멀리 떨어져 클러치는 스티어링과 거의 같은 선상에 놓였다. 2000rpm, 3000rpm-저 휘파람, 씩씩거리는 소리는?-4000rpm… 아이구! 무슨 일이 벌어졌나? 겁내지 말라, 잠깐 물러나 재정리하고, 다시 시도하라. 회전계(레드라인 7750rpm)와 시속 320km 속도계 사이에 박힌 부스트계. 4000rpm에 이르자 게이지의 작은 부스트 바늘이 0.8바로 뛰어올랐다. 5000rpm을 지나자 뒤 타이어가 움찔했다. 스티어링이 뒤틀리고 매혹적인 성능이 폭발했다.

내가 지금까지 몰아본 어떤 차보다 코너링 직전의 브레이킹과 기어조작이 까다로웠다. 바퀴가 완전히 직선에 놓일 때까지 액셀을 일정하게 유지했다가 다시 내리밟았다. 이 차의 가치와 명성 가운데 어느 쪽이 더 큰 무게를 지녔을까? 곰곰이 따져보면 둘 다였다.

355마력 양산 해치백을 살 수 있는 세상에서 '겨우' 406마력의 슈퍼카란 기괴했다. 그럼에도 1984년에는 페라리의 제일 강력한 로드카 엔진이었다. 레이스 버전으로는 최고 650마력이 가능했다. 게다가 저 핫해치는 경량급 GTO보다 320kg이나 무거웠다. GTO는 파워를 전달하는 지극히 작은 접촉점밖에 없었다. 잘 알다시피 뒷바퀴굴림. 센터록 스피드라인 스플릿 림을 앞쪽 225/50 뒤쪽 255/50 ZR16 타이어로 감쌌다. 현대적 러버밴드 타이어에 비한다면 도넛에 불과했다.

그러나 스티어링은 즐거웠다. 감각이 넘치며 완벽하게 비중과 기어를 잡았다. 지나치게 예리하지 않아 재채기만 해도 숲속으로 뛰어들 기세였다. 하지만 아름답도록 정확해 288은 너비에다 내리꽂히는 노즈를 보기 어려웠음에도 직관적이었다. 파워지원이 없었고, 급커브에서는 하중이 급증했지만, 차를 몰아붙이자 신뢰감이 더욱 높아질 뿐이었다. 마치 노면을 손바닥으로 쓰다듬는 듯한 그립을 느꼈다. 유명한 힐 루트 오브 밀브루크 프루빙 그라운드는 알프스 고개를 축소해 놓은 듯했다. 힘차게 드라이버를 끌어들였다. 제대로 브레이크를 콱 밟기 전에 힘차게 달려보기 위해 직선코스가 좀 더 길기를 갈망했다.

그럴 때 조심해야 했다. 노면의 틈바구니를 일일이 찾아내어 따라가며 도로를 누볐다. 그럼에도 브레이킹은 괴력이었다. 타이어가 차가울 때도 마찬가지. 현대 슈퍼카의 세라믹 복합소재가 당하는 '로터에 가열하는 현상'은 전혀 없었다. 여기서 천공형 브레이크 디스크가 엄청난 초기 제동력과 환상적인 페달감각을 자랑했다.

30회 생일을 1년 앞둔 288GTO는 여전히 아주 파격적이었고, 얼마나 경이적인 작품인가를 뚜렷이 드러냈다. 페라리 역사상 그토록 소중한 모든 것을 아울렀다. 나아가 제일 소중한 희소성을 곁들였다. 따라서 이런 치장

을 갖춘 288 한 대를 손에 넣으려면 거의 100만 파운드(약 17억 원)가 든다고 놀랄 일이 아니다.

1984년 페라리 역사상 가장 존경받는 이름 둘이 되살아났다. 테스타로사와 GTO. 전자는 선대와의 인연이 너무 희미하여 혈통에 어울리지 않았다. 한데 후자는 완벽하게 맞아들었다. 분명 그보다 더 큰 찬사는 있을 수 없다.

글·앨러스테어 클레멘트(Alastair Clements)

사진·제임스 만(James Mann)

GT족이 패밀리카로 탈바꿈했을 때

페라리 330GT vs 애스턴 마틴 DB6 vs 마세라티 세브링

내가 갖고 있는 1966년 〈오토카〉 고객 가이드에 따르면 그해 영국에는 3천 파운드(약 580만 원)를 넘는 새 차가 겨우 30대에 불과했다. 따라서 애스턴 마틴 DB6, 페라리 330GT나 마세라티 세브링을 갖고 있었다면 단연 엘리트 그룹에 들어갔다. 피아트 500 새 차를 400파운드(약 77만6000원)면 살 수 있었던 시절에 3천 파운드(약 580만 원)의 2배를 선선히 내놓을 수 있었으니까. 한데 당시 그런 차는 단순한 교통수단이 아니었다. 글래머, 럭셔리, 저돌적 직선코스 돌파력과 순종마의 매너로 4명을 실어 나르는 가장 짜릿한 수단이었다. 당시로서는 진귀한 시속 250km, 300마력 2+2의 GT 트리오는 도로를 달리는 어떤 차보다 고귀한 신분과 정교한 신비를 자랑했다. 이들은 혈통이 불분명한 유럽-미국의 번들거리는 무법자

가 아니었다. 애스턴 마틴, 마세라티와 페라리는 여전히 기름 묻은 에이스 드라이버와 레이싱의 로맨스를 떠올렸다. 그곳은 직렬 6기통과 V12 엔진의 파워와 스태미나가 여지없이 드러나는 무대였다. 그처럼 근육질이면서 튼튼한 재래식 제작기술이 GT에 배어들었다. 이들은 간헐적이 아니라 상당한 규모로 양산된 첫 엑조틱카였다. 페라리는 4년간 330GT를 1천대 남짓 만들어냈다. 애스턴 마틴은 놀랍게도 DB6 1567대를 내놨다. 세브링은 1962~1968년에 438대로 그보다 숫자가 훨씬 작았다. 그런데 마세라티는 같은 시기에 속살은 똑같지만 스타일이 다른 미스트랄 약 1천대를 만들어 다양화를 꾀했다.

지금은 과도한 개런티를 받는 축구선수만큼이나 슈퍼카가 많은 시대. 40년 전만해도 통틀어 330대가 돌아다니던 세브링과 DB6과 마주치면 입이 딱 벌어졌다. 영국에서 한 해 불과 몇 십 명이 그처럼 튀는 슈퍼카를 살

수 있었다. 뻔질나게 이름이 오르내리던 대중 스타와 부호들. 그들은 유럽의 새로 만든 대형 고속도로만이 아니라 실생활 속에서 시가지를 달리고 싶어 했다. 따라서 이색적인 슈퍼카의 성격은 바뀌고 있었다. 파워 스티어링, 에어컨과 파워 윈도 같은 편의장비가 필수품으로 들어왔다. 기술진이 파워를 늘리는 속도에 맞춰 무게가 늘어났다. 이들은 시장을 좌우하지 않고 시장의 비위를 맞추는 최초의 슈퍼카로 꼽혔다. 1966년만 해도 오토매틱 페라리는 생각할 수조차 없었다. 한데 마세라티와 애스턴 마틴은 기꺼이 세브링과 DB6의 오토 버전을 내놨다.

그보다 더 중요한 것. 60년대 중반에 4인승 슈퍼카의 구상이 무르익었다. 디자이너들이 재치 있게 타협하여 패키지를 다듬었기 때문. 마세라티는 본격적인 4인승이라 하기에는 뒷좌석이 좀 작은 듯했다. 하지만 페라리 330GT의 잘 다듬은 뒷좌석이나 DB6은 장거리 여행에도 편안했다.

우리가 마련한 330GT는 4개 헤드램프형. 원래 피닌파리나에서 활약하던 톰 트야르다가 디자인했다. 피터 베닛이 우리 잡지 〈C&SC〉에서 본 뒤 2년간 갖고 있었다. 그의 설명. "나는 늘 V12의 앞 엔진 페라리를 갖고 싶었다. 330GT는 가치가 뛰어나다. 그 이전의 훨씬 고가 모델과 거의 같은 기계와 섀시 스펙을 갖췄다. 내가 갖고 있던 이전의 차에 비해 고든-키블과 애스턴 DB4에 제일 가깝다."

내가 보기에 가장 아름다운 페라리는 아니다. 그러나 넓은 그릴과 찡그

린 얼굴의 300GT는 힘찬 존재감을 드러냈다. 나는 1965년 이후의 2램프보다는 4개 헤드램프형을 좋아한다. 실내에 뒷좌석을 받아들이기 위해서는 운전위치를 좀 양보할 수밖에 없었다. 바닥에 박혀있는 페달들(후기 모델은 페달이 위에 매달려 있다)은 비딱하게 자리 잡아 어색했다. 클러치를 콱 밟아야 하는데 팔을 쭉 뻗는 위치여서 힘들기 때문.

어느 모로 페라리 V12의 카리스마는 다른 두 라이벌을 압도했다. 하지만 거기에는 보상이 있다. 특히 마세라티의 경우가 그렇다. 세브링은 3

대 중 가장 아름답다. 조반니 미켈로티가 디자인한 정갈하고 단순한 비날레 제작 강철 보디. 1962년에 처음 나온 세브링은 기술면에서 3500GTi와 동시대였다. 5단 박스, 디스크 브레이크, 투어링 보디. 1963년 제네바 모터쇼에서 세브링은 루카스 직접분사를 기본으로 받아들였다. 이 세브링은 1965년 이후의 S2. 행정이 더 긴 3694cc 버전의 트윈캠 직렬 6기통(5500rpm에 245마력이 거뜬했다)이었다. 다시 손질해 프라우의 콰트로포르테 세단과 비슷했다. 좀 더 날씬한 그릴 양쪽에 똑같은 헤드램프 트림과 깜박이/램프가 자리 잡았다.

이 차의 전체적인 분위기는 페라리보다 솜씨가 훨씬 치밀하다는 인상을 준다. 모터쇼에 나왔을 때 페라리는 가장자리 몇 곳이 거칠었고, 나사머리가 드러났다. 실내는 크롬, 가죽과 금이 간 검은 결의 소재가 섬세하게 어

MASERATI
NAB
763D

우러졌다. 남성적인 계기들이 아름다운 '기네스 보틀'의 토글스위치와 뒤섞였다. 페달은 뭉툭하고, 각도가 좀 어색하지만 불편하지는 않다. 루프라인은 낮고 폭이 넓으며, 필러는 날씬하고, 실내는 시원스럽다.

매력적인 직렬 6기통 엔진—지금은 베버로 바뀌었다—은 12 플러그. 쉽게 시동이 걸리고, 600rpm의 공회전에는 이상하게 거친 날이 섰다. 세련미와 공격성에서 페라리를 따르지 못한다. 그러나 레드라인은 수수한 5000rpm에 불과하나 넉넉한 유연성과 분방한 반응을 잘 아울렀다. 3500rpm부터는 A급 도로를 힘들이지 않고 신바람 나게 달린다. 이때 윤기 있는 사운드트랙이 테일파이프를 울린다. 개조한 ZF 기어박스는 절대적인 즐거움을 안긴다. 기어 변환은 매끈하고 조용하며, 짧은 레버는 3단과 4단용으로 스프링을 달았다. 5단에 이르면 세브링은 정말 기어비가 길

고, 자신 있게 안정감을 보여준다. 페라리보다는 바람소리가 오히려 작다. 아름다운 목재 스티어링은 힘을 넣고 출발할 때는 연약한 느낌이 든다. 그러나 센트럴 보스를 중심으로 잘 돌아간다.

페라리처럼 마세라티도 스티어링 조작의 여력이 없지만 일단 움직이기 시작하면 무게는 사라진다. 상당히 기어가 낮지만 동작이 매끈하다. 따라서 메커니즘이 세련되고, 운전대를 돌리면 동작이 훨씬 빨라진다. 같은 이탈리아계 페라리보다 험악한 코너에서는 허용폭이 훨씬 넓다. 액슬 동작은 조절력이 한결 뛰어나지만, 가볍게 코를 박는 버릇이 있다. 앤디 리어리가 2001년 40회 생일에 '자신이 자신에게' 주는 선물로 샀다고 했다. "나는 모데나에서 이 차를 몰고 돌아왔다. 알프스를 넘을 때 토니 크리스티와 〈이탈리안 잡〉의 사운드트랙을 들었다. 나는 이 차를 사랑한다. 마세라티

클럽 콩쿠르에서 5회나 우승했다. 18개월마다 빌 맥그래스에 몰고 가 정비를 받는다.”

과연 애스턴 마틴은 어디쯤 자리 잡나? 합금 보디의 DB6은 1965년 얼스 코트에서 첫선을 보였다. DB5보다 불과 5cm가 더 긴 차안에 제대로 된 뒷좌석을 마련했다. 그래서 1984년 존 쿡이 이 차를 사들여 지금까지 갖고 있다. “우리는 슬하에 어린 자녀가 있었다. 그래서 뒷좌석이 큰 도움이 됐다. 이미 7만5500km를 달렸다. 이따금 쇼핑하러 갈 때 몰고 가지만, 언제나 우리 ‘장난감’이다. 1992년 워크스 서비스에서 보디를 완전히 갈았다.”

그렇다면 어느 차를 갖고 싶은가? 이들 3대 GT 가운데 애스턴 마틴이 가장 완전하고 원만하다. 그러니까 널리 쓸 수 있다. 빠르고, 아름답게 다듬었을 뿐 아니라 신뢰성이 높다. 마세라티는 오로지 희소하기 때문에 흥미롭다. 게다가 마치 단정한 정장을 입듯 엄격한 스타일을 갖췄다. 이 차는 아주 섬세한 매력이 있다. 페라리와 그 엔진이 없었다면 내가 선택했을 차. 그처럼 상투적인 표현을 쓰자니 좀 쑥스럽다. 한데 V12에는 다른 두 라이벌을 압도하는 마술이 숨어있다. 토크, 매끈함과 파워가 어우러져 자꾸만 끌어당긴다. 심지어 지금도 잊기 어렵다. 한 대를 갖고 싶다. 다만 색상은 페라리 레드가 아니라야 한다.

글·마틴 버클리(Martin Buckley)

사진·토니 베이커(Tony Baker)

GB
JTD 999F
DB6

페라리 365GTS/4
그리고 마세라티 기블리 스파이더

2 VFX

이색적인 스파이더에 관한 한 이탈리아인들은 1930년대 이후 거장의 자리를 지켰다. 알파로메오는 슈퍼차저 8C로 원형을 마련했다. 가장 화려한 차체로 이색적이고 그랑프리 기술을 담아 숭고한 투나인 '솟 새시' 스파이더로 절정에 달했다. 하지만 제2차 세계대전 이후 초점은 이탈리아 모데나로 옮아갔다. 거기서 신참 페라리와 구파 마세라티가 라이벌 로드스터를 만들었다. 머리카락이 휘날려도 개의치 않고 루프를 열어 적절한 장소에서 과시하고 싶은 플레이보이와 영화 스타를 겨냥했다.

석유위기와 엄격한 안전규정이 나오기 전에 앞 엔진 고성능 오픈 2인승의 글래머적 전통이 눈부신 페라리 365GTS/4와 마세라티 기블리 스파이더로 클라이맥스를 이뤘다. 둘 다 앞선 쿠페에서 직접 빠져나왔다. 한데 세

인트 트로페즈든 마이애미든 이처럼 귀족적인 시속 260km 이상의 슈퍼 스파이더는 셔츠를 풀어헤치고 쫄쫄이 바지를 입은 A급 록스타와 영화의 아이돌이 추구하는 궁극적인 스타일 표현이었다.

기블리 쿠페는 마세라티의 명성을 크게 올려 슈퍼카 시장에서 굳건히 자리 잡았다. 335마력 4캠 V8의 드림카 스타일은 젊은 조르제토 주지아로의 눈부신 작품이었다. 그때가 바로 주지아로가 기아에서 보낸 짧고도 파란 많은 시기였다. 근육질적인 페라리와는 대조적으로 주지아로가 빚어낸 날씬한 유선형 스타일은 우아하면서 동시에 아주 빨라 보였다.

영리한 오픈루프를 갖춘 스파이더는 1968년 토리노모터쇼에 나왔을 때 한층 빛났다. 그러나 궁극적인 4900SS 버전의 경우 46대를 포함해 125

대밖에 만들지 않았다. 대다수가 미국에 팔린 기블리 스파이더는 지금도 가장 탐스러운 2차대전 이후의 마세라티로 남아있다. 그중에도 가장 희귀한 버전은 오른쪽 운전석 수동박스.

이에 맞서 페라리는 데이토나 스파이더를 만들어 1969년 프랑크푸르트 모터쇼에 내놨다. 그 역시 생산량을 제한했다. 122대 중 '매그니피슨트 세븐'(Magnificent Seven)은 오른쪽 운전석이었다. 빵빵한 4.4L V12를 얹은 기블리 스파이더는 캘리포니아에서 시작한 오픈 페라리의 긴 행렬을 따랐다. 일차적으로 미국시장을 겨냥했다. 4기통을 더하고, 4륜 독립 서스펜션에 뒤 액슬과 기어박스로 섀시 밸런스를 개선했다.

이처럼 특이한 스펙으로 기블리를 눌렀다. 피닌파리나는 가공할 쿠페의 루프를 잘라 극적이지만 예상보다 허술한 결과를 낳았다. 어색한 후드 디자인, 넓은 접이식 커버와 타협한 트렁크는 라이벌의 한층 깔끔한 모습을 따를 수 없었다. 페라리의 위세와 치솟는 투자 잠재력이 어우러져 데이토나 스파이더의 가치는 뒤따른 기블리의 2배로 올라갔다. 하지만 돈을 접어두고 그들은 떨칠 수 없는 비교평가를 통해 계속해서 열렬 팬들을 갈라놓았다. 그중에는 존경받는 자동차 수집 전문가 사이먼 키드스턴과 고성능차 딜러 윌리엄 러크런이 있었다. 이들은 화려하고 매혹적인 두 라이벌에 대해 누구보다 기억에 남을 경험과 더 뜨거운 평가를 내렸다.

키드스턴은 아버지의 뒤를 따라 명문 슈퍼카에 입문했다. 그의 아버지는 늘 현란한 고성능차를 몰고 다녔다. "메르세데스 '걸윙'을 3500GT로 바꿨다. 아버지는 공장에서 새차를 수집용으로 사들였다" 키드스턴의 회고담이다. "크림색 실내에 새빨간 차였다. 아버지가 세상을 떠나기 전 자기 차에 대해 일일이 메모를 남겼다. '마세라티는 산마루의 고개를 보자 부글부글 끓더라'고 했다" 정신이 산만했던 대학생 키드스턴의 드림카는 애스턴, 페라리와 람보르기니였다. 그러다가 자동차 잡지 〈클래식&스포츠카〉

1986년 9월호가 그의 집 현관에 왔을 때 사태는 뒤집어졌다.

"표지에 데이토나와 기블리의 비교시승기가 나왔다. 그 기사를 집어삼킬 듯 읽었다. 페라리가 대단해 보였지만, 나는 언제나 다른 무엇을 좋아했다. 기블리는 아웃사이더였다. 하지만 감청색 겉모습에 베이지색 실내는 정말 멋졌다. 그때부터 기블리에 대한 내 사랑이 시작됐다"

몇 년에 걸쳐 경매에서 기블리 몇 대를 팔고 난 뒤 키드스턴은 마침내 2006년 SS 스파이더 한 대를 손에 넣었다.

"모든 옵션과 함께 이색적인 색상을 주문했다. 겉은 베르데 젬마(새싹

초록)에 실내는 세나페(겨자색)를 골랐다. 첫 번째 오너는 그 차를 앙티브에 있는 자기 별장으로 가져오게 했다. 얼마나 멋진 광경인가! 나는 이탈리아의 전문업체에 기블리 복원을 맡겼다. 내가 그 차를 몰고 가장 멋진 드라이브를 한 곳은 경탄할 보더즈 도로에서였다. 에코스 투어에 가담했는데 그쪽에는 에코스가 마련한 재규어 D타입이 있었다. 스티어링이 훌륭했고, 내 코드라이버 두걸 피스컨은 그 차를 정신없이 몰아붙였다. 핸들링은 전혀 문제가 없었다. 내 아내가 빌라 데스테에서 그 차를 처음 보고 이렇게 말했다. '이거 당신 차 아니지?' 아무튼 나는 저 야성적인 70년대의 컬러를 좋아

한다. 나는 키가 크지만 편안히 드나들 수 있었다. 이 스타일에 매혹되지 않을 수 없었다. 저 낮은 허리선과 긴 보닛. 그 시대정신이 넘쳐. 데이토나보다 덜 거칠고 한층 관능적이다."

감정가들이 최고의 기블리로 꼽은 초록 스파이더는 구딩 2012년 경매에서 자그마치 88만 달러(약 9억3천370만 원)에 팔렸다. "나는 너무 빨리 팔았고, 당장 다른 차를 찾았다" 키드스턴은 섀시 1229를 사들였다. 4대의 오른쪽 운전석 가운데 하나였고, 1970년 얼스 코트 모터쇼에 나갔다. 다시 복원작업을 이탈리아 장인에게 맡겼다. 거기에는 전직 마세라티 레이스 미

캐닉 주제페 칸디니가 들어있었다. "거의 3천 시간의 노력이 들어갔다. 이탈리아인들은 내가 미쳤다고 생각했다!" 1970년대에 색상을 실버로 바꿨고, 보라니스 휠을 달아 변함없는 순수파 키드스턴은 오리지널 모터쇼 스펙으로 되돌렸다. 노란 페인트에 검은 가죽과 방사상 캄파놀로스를 썼다. 행운의 오너에게 가장 기억에 남는 드라이브는 모데나에서 차를 찾은 뒤였다.

"페라리 드라이버가 으레 묵는 피니 호텔에 들어갔다. 나는 일요일 아침 일찍 기블리를 찾았고, 제네바에서 점심을 먹었다. 시속 200km에서 V8의 굉음은 실로 장쾌했다. 비를 뚫고 달리며 앤디 윌리엄즈의 음악을 듣고,

내 아이팟으로 지나가는 아가씨들을 살폈다. 경이적인 파노라마 윈드실드에 몽블랑이 솟아오를 때의 감흥은 실로 가슴 벅찼다."

키드스턴은 운이 좋아 두 모델을 몰았다. 그래서 데이토나를 무척 존경했다.

"인간에게 알려진 가장 위대한 아드레날린 펌프다. 엔진은 기꺼이 돌아갔고, 지금도 현대 식 모델에 비해 빠른 느낌을 준다. 미학적 자질을 타고 났다. 이제 데이토나는 캘리포니아에서 시작한 위대한 스파이더 시대의 종말을 고했다. 가장 빠르고 가장 강력한 모델로 절정에 올라 한 시대의 막을 내리다니 얼마나 드라마틱한가. 게다가 시장에서 성공하지 못했다. 덕분에 수집가들 사이에서 영생을 보장받게 됐다."

키드스턴에게 유럽 스펙 기블리는 가장 탐스러운 모델이다. "정부의 배기규제가 성능의 숨통을 죄고, 깜빡이, 사이드램프는 스타일과 하나로 어울리지 못했다. 기블리에서 내가 싫어하는 것은 초라한 기어노브뿐이다. 하지만 대시보드 레이아웃은 최고다. 게다가 루프가 더 좋고 트렁크가 대단하다. 런던에서 모나코까지 몰고 가서도 당구 한판을 칠 만큼 힘이 남아돌았다"

랭커셔의 슈퍼카 전문가 윌리엄 로크런은 1972년 이후 숭고한 365GTS/4를 갖고 있었다. "우리는 곧잘 노팅엄의 자동차경매에 갔고, 으레 펀치볼 펍에서 거래를 끝냈다"

로크런의 회고담이다. "이웃에 있는 프랭크 사이트너의 쇼룸에 있는 데이토나 스파이더 2대를 봤다. 몇 달이 지나도 팔리지 않았다. 결국 내가 그 한 쌍을 2만2천 파운드(약 3천810만 원)를 주고 샀다. 당시 OPEC이 일으킨 석유위기로 자동차 가치에 큰 타격을 줬다" 뒷날 로크런은 이 차를 마틴 릴리에게 팔았다. 그는 TVR 사장으로 있던 가장 좋은 시절에 이 차를 갖고 있었다. 그는 이 차를 갖고 있는 게 최고였고 모터링 생활의 절정이라고 했

다. 그 뒤 로크런은 이 차를 되샀다. 한때 '매그니피슨트 세븐'을 4대까지 사 모았다. "봅 허프튼이 그 차를 돌봤다. 25년 전 머리받침이 없는 그 차를 다시 손질했다. 그 때문에 라인을 망쳤다"

키드스턴처럼 로크런도 제작사가 의도한 대로 데이토나를 즐겼다. "나는 그 차를 몰고 남부 프랑스에 두 번이나 갔다. 멋지게 고속으로 달렸다. 하루 종일 시속 240km로 달릴 수 있었다. 도로에 차분히 가라앉는 느낌이었다. 뿐만 아니라 빗길에도 안전했다. 첫 여행은 거의 충동적이었다. 프레스턴에 있는 우리 집 마당에서 아침 일찍 출발했다. 911 터보와 재미있게 경쟁을 하는 사이 금방 런던에 도착했다. 파크 레인 길가에 페라리를 세웠다. 점심을 먹고 난 뒤 도버로 향했다. 프랑스에서 하룻밤을 보낸 뒤 파리를 들르지

않고 바로 칸으로 달려갔다. 처음부터 끝까지 루프를 내렸다. 프랑스와 이탈리아 리비에라 해안도로를 달리는 기분은 말로 다할 수 없었다. 그런 다음 스위스 알프스를 넘어 집으로 돌아왔다. 그때 아내 펠리시티가 동행했다. 운전대를 잡고 수백km를 달렸다. 어느 스위스 호텔에 들렀을 때 수위가 어느 손님이 그 차를 사고 싶어 한다고 했다. 알고 보니 레드 제펠린의 드러머 존 본햄이었다. 나는 같은 여행을 되풀이하기보다는 F1 그랑프리가 열리는 모나코로 달려갔다. 나중에 요크셔에서도 멋진 드라이브를 즐겼다.

"미학적으로 나는 정말 기블리를 좋아한다. 한데 안정감이 좀 떨어지고, 라이브 리어 액슬은 기술적으로 뒤졌다. 데이토나는 스티어링이 무겁다고 곧잘 비난을 받는다. 그러나 한 나절을 달려야 익숙해질 수 있는 차다.

모두가 잘 돌아가고, 날씨가 따뜻하면 특히 트랜스액슬이 살아난다. 브레이크는 무겁고, 아주 빨리 달리고 있을 때는 브레이크를 밟지 않도록 노력했다. 기어박스는 대단하다. 하지만 싱크로메시를 아끼려면 변속을 서두르지 말아야 했다. 내게 4캠 275마력이 유일한 운전 경험으로 남았다."

1969년 이들 글래머형 차가 얼스 코트의 각광을 훔쳤다. 따라서 그들이 스튜디오에 들어오자 〈클래식&스포츠카〉 취재팀이 우르르 몰려들었다. 사진을 찍기 위해 휘황한 조명 아래 턴테이블에서 돌아가는 차는 경이 그 자체였다. 마세라티의 눈부신 아름다움이 서서히 우리 모두를 사로잡았다.

"나는 데이토나의 디테일을 더 좋아한다" 제임스 엘리엇의 말이다. "트랙에서라면 페라리의 키를 먼저 잡고 싶다. 그럼에도 계속 마세라티를 지키겠다. 그중에도 스파이더보다 쿠페를 더 좋아한다." 그들을 함께 세워놨을 때 찬탄을 금할 수 없었다. 한데 데이토나의 좀 더 공격적인 프로필이 나긋

한 기블리에서 약간 빛을 뺏는 느낌이 들었다. “나는 ‘이게 자동차 장인의 요리냐’는 질문에 조금쯤 지쳤다.” 앨러스테어 클레맨츠의 말. “어쩐지 약간 낯간지러운 생각이 든다.”

숨김없는 경제적 현실을 들여다보자. 2대의 완벽한 기블리 스파이더를 단 한 대의 GTS/4 값으로 살 수 있다. 결정적인 영향을 주는 요인이기도 하다. 트라이던트의 레이싱 전통이 이 현란한 차에 배어들었다. 저 장려한 V8이 굉음을 토하자 가공할 450S와의 이음새가 뚜렷이 드러났다. 데이토나는 순종마의 우수성을 갖고 있다. 하지만 기블리의 충격적인 아름다움과 세련된 능력이 끝내 나를 사로잡았다.

키드스턴과 로크런에게 감사드린다.

글·믹 월시(Mick Walsh)

사진·쥴리안 마키(Julian Mackie)

페라리 헤리티지 드라이브
FERRARI HERITAGE DRIVE

1판 1쇄 발행 2021년 5월 10일

엮은이 최주식
펴낸이 최주식
편집 이현우
펴낸곳 C2미디어
출판등록 2007.11.6. (제 2018-000157호)
주소 서울특별시 마포구 희우정로 20길 22-6 1층
전화 02)782-9905
팩스 02)782-9907
홈페이지 www.iautocar.co.kr
전자우편 c2@iautocar.co.kr
ISBN 978-89-966189-6-6 [03550]

인쇄 갑우문화사

이 책의 일부는 본고딕, 본명조, 나눔고딕, 나눔명조, 한국·프랑스 정부 표준 타자기체의
글꼴을 사용하여 디자인되었습니다.

Published by C2 Media, Printed in Korea

값 15,000원
파본은 구입처에서 교환해드립니다